新装版
里山の昆虫たち
その生活と環境　山下善平

北海道大学出版会

目次

1 水辺の住人たち …………………… 5
　アキアカネの旅――6
　トンボの仲間――10
　里池の住人――12
　砂浜に生きる――18

2 チョウ・ガの生活と環境 …………………… 25
　イチモンジセセリの一日――26
　里山のチョウ――30
　フクラスズメ幼虫あふれる――40
　花を咲かせるモンクロシャチホコ――44
　ハマオモトヨトウの挑戦――48
　カラスヨトウの夏を過ごす戦略――54
　鎮守の森のサツマニシキ――56
　ホタルガ――62
　里山のガ――64

3 コオロギと環境 …………………… 71
　コオロギ温度計――72
　山上にすみ着く――74
　温泉コオロギのすみか――76
　コオロギ大発生――78
　異国に鳴くアオマツムシ――80
　コオロギ・キリギリス・バッタの仲間――84

4 すみかと食物をめぐって ……………………91
- 森の酒場——92
- 秋に光る——100
- ヘイケボタルとゲンジボタル——104
- カマキリの狩り——106
- 道端でふえるスギマルカイガラムシ——110
- 都市のカイガラムシ——112
- 松林の住人ハルゼミ——114
- セミの仲間とセミ茸——116

5 冬を越す ……………………119
- 庭木に群がるウリハムシ——120
- カミナリハムシのあぜ道の集団——122
- ナミテントウの集団越冬——124
- 日なたを求めるナナホシテントウ——126
- 冬越し中の昆虫たち——128

6 わが庭の住人たち ……………………133
- スジオビヒメハマキ——134
- キバラヘリカメムシ——136
- さまざまな来訪者たち——137

あとがき
和名索引と学名

I 水辺の住人たち

水面から突き出た枯れ茎にとまるウチワヤンマ

羽化後間もない黄褐色の若い成虫

アキアカネの旅 ◆高温避けて山暮らし

　体が小さく，そのうえ体温保持が困難な昆虫は，環境，とりわけ温度などの影響を受けやすいが，一方，虫自身もそれなりにさまざまな対応戦略を身につけている。秋のアカトンボの代表，アキアカネが旅によって季節的にすみかを変えることも，その一例であろう。

　三重県の伊勢平野を例にとると，水田や水路で卵や幼虫の時期を送り，6月中・下旬に羽化した成虫は，間もなく山地へ移動する。夏の約3カ月の山上生活の後，9月中・下旬には再び平野に姿を見せ，交尾，産卵をすませて一生を終わるという，渡り鳥に似た生活史のパターンを示している。

　このうち，平野から山地への旅は，一足飛びではなく，羽化後間もない若い成虫——未成熟虫とも呼ばれ，赤トンボならぬ黄かっ色トンボ——が羽化した場所から近くの林や庭木などへ集合する近い旅と，そこに2,3日滞在後，山地へ向かう遠い旅とがあるようだ。そして，羽化期が長いためと思われるが，このような旅は，波状的に何回か見られる。また，集合への旅が個体単位のため，長時間にわたるのに対して，山地へ向かう旅の出発は，短時間に起こり，いっせいに飛び去るという印象を与える。

　この出発は，梅雨の中休みの晴れた昼ごろが普通で，伊勢平野では6月下旬に起こることが多いから，一般に東風のおり，これに乗って西部の山地へ飛行すると考えられる。こうした旅には，いくつかの集合地の群れが合流することもあって，大群となる場合も少なくない。たとえば，1973年6月21日，津市でも空を飛ぶアキアカネの大群が人目をひいた。同じころ，東京でも上空を黒い帯となって飛び，地震の前触れかと騒がれたが，もちろんそんな前兆現象ではない。

　山地へ到着する状況は，三重県北部にそびえる御在所岳の標高1200m付近の観察例からみると，快晴，無風のときに顕著で，8時ごろから，三

6 　里山の昆虫たち

成熟して赤くなり山から戻ってきた成虫

重県側より上昇気流に乗って大集団の飛来が認められている。そして，こうした集団の波状的な到着で，次第にアキアカネの密度が高まると思われる。

しかし，こうして遠路やってきた山での生活も，気象条件，とくに突風などで多くの犠牲が出た例がある。生き残ったものは，秋風の吹き始めるころから，山を下りながら性的にも成熟し，雄は真っ赤な"アカトンボ"となって平野に姿を見せるが，その場合も，段階的な下降の旅と，一気に平地へ下りる旅とが知られている。

こうしたアキアカネの旅は，この虫の生活史にどうかかわっているのだろう。いくつかの特性があげられるが，まず，雄，雌ともに旅立ちのころに比べて，約2倍の体重で秋を迎えることで，山の生活が栄養の蓄積に大きく貢献していることを示している。これは，食べ物となる小さな虫などが豊富なことや，摂食活動に好適な条件(たとえ

ば，山の涼しさで，活動を抑制する高温が避けられるなど)によるところが大きいように見える。

次は，雌の卵巣が山を下りるまで未熟なことで，これは長期の「成虫休眠」の状態を示唆している。成虫休眠というのは，休眠ホルモンの働きで，雌の生殖腺の発育が停止した状態で，休眠といっても，ほかの活動が低下するわけではない。この成虫休眠の前期と後期に旅をする昆虫の例が非常に多く，アキアカネの旅も，生理的に生態的に，いわば旅を運命づけられたもので，生活史そのものの一コマと考えることができる。

このトンボの旅には，まだナゾの部分が多いが，少なくともその保護については，平野の水域だけでなく，旅先の山地までふくめた広域を考慮する必要のあることを，この旅が教えている。

〈1978年7月15日〉

水辺の住人たち 7

アキアカネのヤゴの脱殻

水田で羽化した成虫

庭木へ集まる成虫

羽化後間もない成虫の休耕田での集合

山頂付近で生活する

山頂（三重県御在所岳）の岩の上で休息する集団

山頂で成熟した初秋の集団

8 　里山の昆虫たち

産卵のためペアを組んだ成熟成虫

晩秋に樹の幹上で日なたぼっこをするオス

水辺の住人たち | 9

トンボの仲間

マユタテアカネの未成熟成虫

マユタテアカネの成熟した成虫

マイコアカネ

ナツアカネ／秋に顔面まで赤くなる。山頂へは移動しない

ミヤマアカネ／山地に住むアカトンボ

シオカラトンボのオス

シオカラトンボのメス

シオカラトンボの幼虫

ショウジョウトンボ成虫

ショウジョウトンボ幼虫

水底のショウジョウトンボ幼虫（3頭）

ウスバキトンボ／木の枝で休む成虫 　　ウスバキトンボ／水田のヤゴの脱殻 　　コフキトンボ

チョウトンボ 　　林間で休むコシアキトンボ

ハッチョウトンボの交尾 　　ハッチョウトンボのオス 　　ハッチョウトンボのメス

ハラビロトンボ 　　グンバイトンボのオス 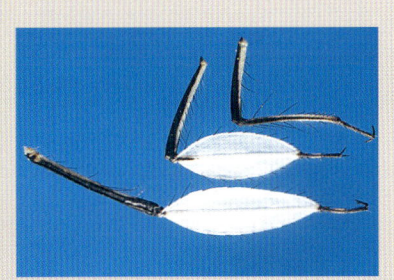　　グンバイトンボのオスの右脚

水辺の住人たち | 11

溜池（三重県上野市郊外）

里池の住人　◆水質悪化で種類減る

　東海三県各地の5万分の1程度の地図を広げてみるか，山から見おろしてみると，平野に面した低山や丘陵地などに，多数の池が散在するのに気付く。こうした池のほとんどは，私たちの祖先が古い時代にイネ作りなどの水源として築造した人造池，いわゆる溜池である。今では土地に刻まれた歴史として，古代文化発掘の対象ともなり，またそこに構成された，虫をふくめた生物の世界も話題を呼んでいる。

　たとえば，愛知県知多半島にある周囲100mほどの小さな池で，コツブゲンゴロウの一種という新種やオオマルケシゲンゴロウ，マダラシマゲンゴロウのような，わが国でもまれな学術的にも貴重な種が確認されている。これは，こうした止水域が古い歴史を背景として，それらの虫を定着させたことと，未知の部分を多く残していることを示している。

　最近，こうした溜池をふくむ地帯は，宅地開発など人為作用が急速に加わり，すでに姿を消した池から，比較的昔の面影をとどめているものまで，いろいろな変化の段階があるようだ。これは，虫の世界からも察せられる。

　三重県中部の津市周辺で，人間の影響が比較的少ない池と，それが大きい池（上流に水田や果樹園があって，農薬や肥料をふくむ水の流入や，池に接する道路の影響——ごみの投げ捨てや排ガスなどが想定される池）を選び，1972年8月25日，誘が灯に飛来した虫を比べた結果，とくに甲虫類に違いが目立った。

　人為作用が少ない池では，甲虫類の種類が6倍，虫数が約12倍も多く，豊富な様相を見せた。そして，虫数で約59％を占める水生甲虫類（マルガタゲンゴロウなど4種のゲンゴロウ，オオミズスマシ，トゲバゴマフガムシ）と，陸生甲虫類（食葉性のヒメコガネなどと食肉性のヨツボシモンシデムシなど）とが出現した。反対に環境条件の悪い池

12 ｜ 里山の昆虫たち

溜池（三重県津市郊外）

では、陸生2種(食葉性のヒメコガネ、ドウガネブイブイ)だけで、水生の種類は登場しなかった。

ここにあげた水生の甲虫類は、オオミズスマシで代表されるように、卵も幼虫も水中生活で、水質の影響を受けやすく、初めに示した人為作用の差が、こうした結果を招いたのであろう。また、こうした池を囲むアカマツ—落葉広葉樹の林が前者でよく発達していたことも、水系保全を通じ、水生甲虫類の温存に役立ったと思われる。

池のまわりの林などが切られ、団地に囲まれたような池では、生活汚水などの流入で水の栄養価が高まり(富栄養化)、夏には植物プランクトンが異常発生して、緑色の水の華の見られるところが多い。そこでは、水面で生活するアメンボ類は群れているが、水中生活者は、少ない水中の酸素に耐えて、底に住むユスリカ類の幼虫に限られる。こうした水の中では、クロイトトンボの幼虫などは、数時間で死ぬ運命にある。

今まで紹介した水生甲虫類は、以前は水田付近の常連であった。それが、人間の影響を受けて次第にその分布が後退し、今ではこうした池が、いわば彼らの最後の"とりで"の感があるが、それとても安住の地とはいえなくなってきた。

最近、私たちの身近な自然として、人里に近い「里山」が見直されようとしている。その場合、こうした池と森林とをセットとして扱う必要性のあることを、以上のような調査が示している。あえて「里池」と呼んだのは、このためである。

〈1978年8月5日〉

水辺の住人たち

オオミズスマシの群 　　　　　　　　　　オオミズスマシのメス成虫

アメンボ 　　　　　　　　　　　　　　　餌を食べるアメンボ

シマアメンボのメス

シマアメンボメスの背面　　　　　　　　シマアメンボの腹面

マツモムシ（腹面）

マツモムシの幼虫（腹面）

タイコウチ・ヒメガムシ・ミズスマシ

ヒメミズカマキリ

タイコウチの羽化

タイコウチ

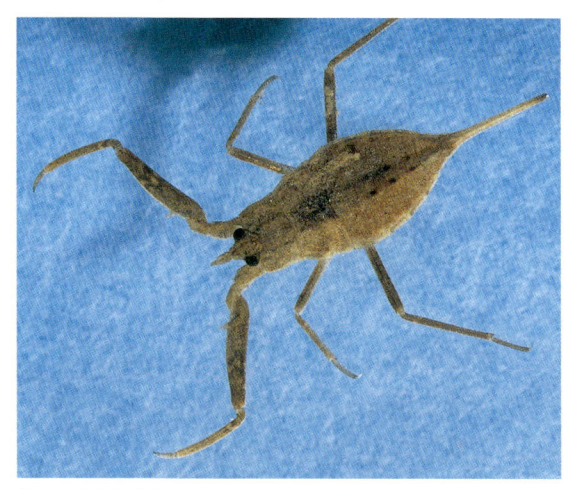

タイコウチの幼虫

里山の昆虫たち

卵を背負うコオイムシ

コオイムシの孵化直前の卵

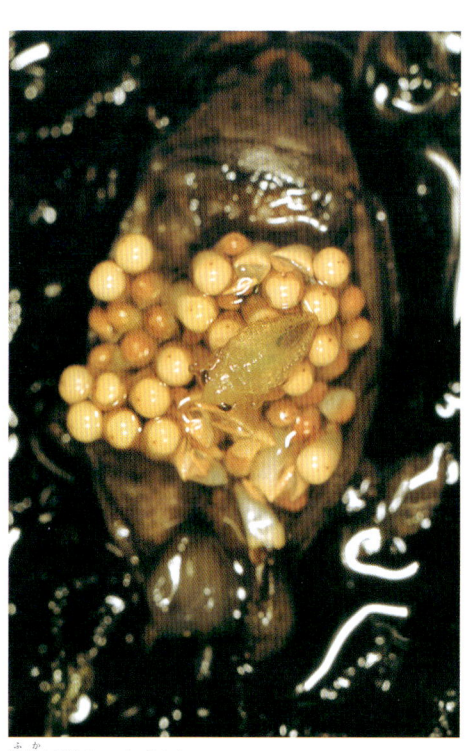

孵化直後のコオイムシ

水辺の住人たち

海岸の光景（三重県津市白塚）

砂浜に生きる　◆厳しい高熱への対応

　砂浜は，風による砂の移動や波の作用，気象の変化などのため，虫には厳しい環境のはずだが，それでもたくましく生活している種類がある。ここでは，三重県中部の津市の町屋浦海岸を例として，夏の砂浜を舞台に展開される虫の活動から，彼らと環境のかかわりを眺めてみよう。

　ここは伊勢の海県立公園の一部で，以前は白砂青松の美しい海岸として人々に親しまれていたが，1959年の伊勢湾台風で大きな打撃を受け，今はわずかなクロマツと海浜植物が，その面影をとどめている。

　さて，夏の砂浜の最も象徴的な環境は，真昼の強烈な日射と熱砂で代表される極端な高温であろう。この日射だけで虫の体温が，周囲の気温よりも5-10℃高まることがある。したがって，どちらも第一義的には，虫の異常な体温上昇を起こし，ついには熱死を招く危険性を持っている。そこで虫たちは，さまざまな適応的行動で，これに対応しているが，それを可能にしているのは，砂浜に空間的な微環境の差と，日周的な環境変化がある

ためである。

　その実態は，真夏の測定例によると，地表温度が50℃を超える真昼でも，地下5cm，10cmでは，それぞれ約10℃，約20℃も低下するし，逆に地上50cmに上がると約10℃低くなる。さらに太陽の直射のない物陰，たとえば，波で打ち上げられた枯れ木などの堆積物の下や，ハマボウフウの葉陰の地表温度は，それぞれ20℃，15℃ほども低い値を示した。

　このことは，空中に離れるか，砂に潜るか，あるいは物陰に入ることで，真昼の高温を回避できる可能性を示している。さらに日没後は，地表温度も急に低下して，25℃前後となり，多くの虫の活動が可能と推定される範囲となった。だから夜間活動性も，砂浜生活者には有力な生活戦略であることを示唆している。

　以上の観点から，この砂浜の虫を眺めてみると，まず甲虫の一種セアカヒラタゴミムシなど，砂に潜る習性の発達したものが多いのに気付く。また砂の中の生活者，アリジゴク（ウスバカゲロウの幼

クルマバッタモドキ（メス）の顔

虫）も，ここでは2種が姿を見せる。雨がかかりにくいクロマツの根元には，すりばち状の巣を作るコウスバカゲロウ，一方，開けたところには，巣を作らないオオウスバカゲロウ，というようにすみ分けていた。どちらも，砂の温度が高くなる日中は，下へ潜り，夕方から朝には砂の表面近くに上る行動を示した。さらに真昼の堆積物の下は，地上生活者のハサミムシ類，ゴミムシ類，ハネカクシ類のすみ場所であった。

次の昼間活動性の2種は，前記の空間的な微環境の変化を背景に，ダイナミックな行動を見せた。バッタの仲間のクルマバッタモドキは，早朝，地表温度の低いときは，裸地上で活動しているが，温度が上がるにつれて葉陰に入り，さらには植物によじ上り，次いで陰の部分に移った。

その結果，この虫は，地表温度より約20℃も低い温度域へ達したことになった。この条件下で，バッタを固定して炎天下の砂上に置いたところ，砂からの熱の伝導と日射のため，5分後の体温は40℃を超えて熱まひ状態となり，先の一連の行動の意義を裏付けた。

また，ハチの一種オオモンツチバチの雌は，砂浜の地下にすむコガネムシ類の幼虫を探して卵を産むので，熱砂の層の通過を強いられる。地上数十cmを飛ぶ雌は，目標地点の砂上に着陸するや否や，一瞬のうちに逆立ちして潜り込む行動を示した。その速さは，5分以内に地下40cmにまで到達できるほどであった。

日没後は高温抑制が解除されるため，地上歩行者のハサミムシ類などの活動が始まった。これは，彼らを獲物としている，オオウスバカゲロウの捕食活動開始期と同調的であった。続く照度低下とともに夜間活動性の虫が，多数出現した。当然のことながら，マツヨイグサの花などに飛来するスズメガなど，砂浜以外からの訪問者もあったが，目立ったのは歩行性の虫たちである。

堆積物付近では，オオハサミムシや甲虫のヒメエンマムシなど，またコウボウムギやケカモノハシなど海浜植物のあるところでは，甲虫のヨツボシモンシデムシ，オサムシモドキ，ハネカクシ類などの活動が盛んであった。

虫の種類数は，地球上の全動物の約4分の3を占めるといわれ，その理由の一つに，体の小さいことがあげられている。つまりは，人間のスケールとは異なった，微環境の世界に生きる特性を持つということであろうか。そうした微環境と虫の生活とのかかわりの一面を，夏の砂浜の虫たちの活動が物語っているように思われる。

最近，三重大学農学部（現在は生物資源学部）の梅林正直さんの提唱で，この砂浜にクロマツの植林が進められている。これによって砂浜に，次第に複雑な環境がつくられていくに相違ない。それはまた，微環境に依存して生きる砂浜の虫たちにとっても福音のはずである。

〈1987年6月26日〉

クルマバッタモドキ

クルマバッタモドキの産卵

砂上のヤマトバッタ

草むらのヤマトバッタ

ショウリョウバッタ

海浜性ゴミムシの生活する砂浜（津市白塚）

ヒョウタンゴミムシ

ハマヒョウタンゴミムシダマシ

イソカネタタキのオスとメス（右）

ハマゴウのみつを吸うイチモンジセセリ

水辺の住人たち

ホシウスバカゲロウの幼虫

ホシウスバカゲロウの成虫

土中のコガネムシ（ドウガネブイブイ）の幼虫

砂の上を歩きまわるオオモンツチバチのメス

オオモンツチバチのメスの前脚

砂浜に巣穴を掘るニッポンハナダカバチのメス

ニッポンハナダカバチのオス（左）とメス

え物のアブを巣穴に入れるニッポンハナダカバチ

水辺の住人たち | 23

クダマキモドキを巣穴へ運ぶキンモウアナバチ

砂浜のキンモウアナバチの巣穴

キンモウアナバチの巣穴に運ばれたクダマキモドキ

2 チョウ・ガの生活と環境

バーベナのみつを吸うキアゲハの成虫(オス)

葉の上で休むイチモンジセセリ

イチモンジセセリの一日 ◆日周変化に応じ活動

　残暑にあえぐころから秋にかけて，街でも田舎でもコスモスや百日草，赤いハギなど，身近な花にイチモンジセセリの姿が目立つようになる。地味な茶かっ色の小さなチョウだが，1年に3,4回発生するうちで，この時期に数が最も多くなり，しかも行動圏が著しく広くなるからだ。

　このチョウは，幼虫がイネの葉を食べたり，あるいは葉を集めて巣作りすることで穂の出るのを妨害するため，害虫扱いを受ける。そこで，わざわざ一定面積のアカツメクサ（赤クローバ）を栽培して，その花にくるチョウの数を毎日定時に調べ，その後に発生する幼虫の数や時期を予測する仕事を，何年も続けている農業試験場もあるほどだ。

　こうした，花へ飛来する行動は，吸蜜のためとはいえ，最も代表的な行動と思われるので，それを目印に一日の活動数の変化（日周活動）と環境条件との関係を調べた結果を紹介しよう。これは，当時，愛知県安城市にあった県立農事試験場で，病虫部長だった尾崎重夫技師とともに，終戦の放送を聞きながら調べた結果の一部である。

　さて，幅1 m，長さ24 m内のアカツメクサの花（8月で約1500から3500個，9月で約600個）に飛来したチョウを毎正時に数え，それと環境条件（温度，湿度，日射量，蒸発量，風向風速，雲量雲形，天気など）とを対応させてみると，いくつかの日周活動の型に分けられた。そのうち，季節を代表する夏型（8月17日）と秋型（9月21日）をあげると【図】のようになる。

　両日とも，花へ飛来する活動は日の出後に始まり，日没前に終わって，全体としては昼間活動性を示している。しかし，夏型は午前と午後にそれぞれ飛来数のピークがある二山（双峰）型なのに対して，秋型は正午前後にそのピークがある一山（単峰）型で，両者は全く違っている。

　このチョウは，体温が35℃を超えると活動が抑制されること（高温抑制）と，太陽の直射で，体

26　里山の昆虫たち

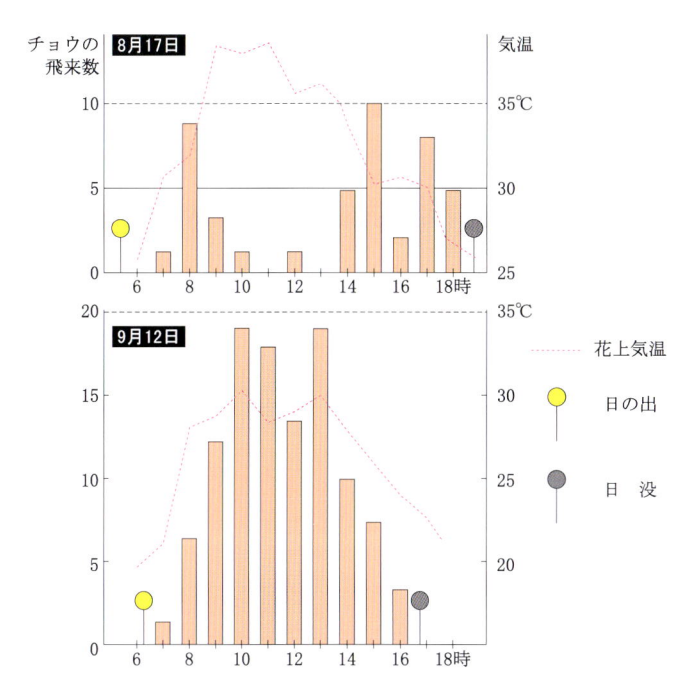

図：アカツメクサの花へ飛来したイチモンジセセリの数と花上気温の日周変化

アオジソのみつを吸うイチモンジセセリ

キキョウの花にもぐるイチモンジセセリ

温が気温よりも 1-5 ℃ 高くなることがわかっている。夏型では、吸蜜している花上の気温だけでも、9-14 時の間は 35 ℃ を超えており、しかも晴れた天気で太陽直射量も多い。当然、体温は 35 ℃ を上回り、花上での吸蜜活動が抑制され、この時間の虫数が減ったと思われる。

これに対し秋型では、最高気温でも 30.6 ℃ と抑制温度以下であったため、温度の上昇につれて飛来数もふえたのであろう。

さらに、このチョウの飛び始める体温は約 20 ℃ だが、両日ともこれより高い気温なのに、飛来開始は日の出後で、その終了は日没前であることから、暗さ（低照度）もそうした活動を抑制することを示している。したがって、雲の量や雲形も、体温や明るさを通じて、この活動に影響するのは当然である。

以上のことから、この時期では、イチモンジセセリが花へくる一日の活動に対する環境条件の影響過程は、次のように考えられる。

　朝＝日の出による低照度の抑制解除
　午前＝温度上昇による活動促進
　正午前後＝高温抑制（夏）
　午後＝高温抑制の解除（夏）
　夕＝日没による低照度抑制

もちろん、こうした活動には、体内時計といった内因性リズムが関係する面もあろうが、まだ明らかではない。

日がな一日、何の屈託もなく花に群がっているように見える彼らの活動だが、実はこのように、環境条件の日周変化と、それに対する彼らの反応とが織りなすあやにほかならない。

〈1978 年 8 月 12 日〉

長い口をのばしてみつを吸うイチモンジセセリ

チャの花を訪れるイチモンジセセリ

チャの葉上で休むイチモンジセセリ

オミナエシのみつを吸うイチモンジセセリ

28 　里山の昆虫たち

イチモンジセセリの幼虫の巣

イチモンジセセリの蛹

イチモンジセセリの羽化直前の蛹

路端のメリケンカルカヤに発生した幼虫

里山のチョウ Ⅰ

ショウジョウバカマの花の側で交尾するギフチョウ

ジャコウアゲハの交尾

ウマノスズクサの茎をかじるジャコウアゲハの幼虫

ウマノスズクサの葉裏のジャコウアゲハの蛹（お菊虫）

ヤブカラシのみつを吸うアオスジアゲハ

クスの葉上のアオスジアゲハの終齢幼虫

クスの葉裏のアオスジアゲハの蛹

ユリを訪れるナミアゲハのオス

ミカンの葉上のナミアゲハの4齢幼虫（左）と終齢幼虫（右）

羽化したばかりのキアゲハ

ウイキョウの葉上のキアゲハの終齢幼虫

ニンジンの葉に産みつけられたキアゲハの卵

ウイキョウの葉上のキアゲハの若い幼虫

寄生バチに寄生されたキアゲハの蛹

チョウ・ガの生活と環境

里山のチョウ Ⅱ

羽化したばかりのクロアゲハ

ミカンの葉裏のクロアゲハの卵。産卵直後（右）は白く，しだいに色づく（左）

ミカンの葉上のクロアゲハの若い幼虫

ユズの枝上のクロアゲハの終齢幼虫

ハッサクの葉のクロアゲハの蛹

雨上がりの湿地で吸水するモンキアゲハのオス

はねを広げて地面で吸水するキアゲハのオス

汚水を吸うキチョウのオス

チョウ・ガの生活と環境

里山のチョウ Ⅲ

バーベナでみつを吸うツマグロヒョウモン（メス）

ツマグロヒョウモンの交尾

ツマグロヒョウモンのオス

スミレの葉上のツマグロヒョウモンの終齢幼虫

ツマグロヒョウモンの蛹

セイタカアワダチソウのみつを吸うキタテハ

越冬中のキタテハ

日なたぼっこをする晩秋のルリタテハ

寄生バチに寄生されたルリタテハの終齢幼虫

ホトトギスの枝のルリタテハの蛹(さなぎ)
右奥に幼虫も見える

越冬前のヒメアカタテハの日なたぼっこ

チョウ・ガの生活と環境 | 35

里山のチョウ Ⅳ

筆者の腕時計の汗を吸うサカハチチョウ（夏型）

花のみつを吸うヒメウラナミジャノメ

腕にとまって汗を吸うクロヒカゲ

ウスイロコノマチョウ（夏型）

クロコノマチョウの終齢幼虫

クロコノマチョウの蛹

アサギマダラ（メス）の訪花。このチョウは秋に南方へ長距離移動する

チョウ・ガの生活と環境

里山のチョウ Ⅴ

手の甲の汗を吸うツバメシジミ

腕にとまって汗を吸うウラギンシジミ（オス）

越冬を終えたウラギンシジミ（メス）

インゲンに産みつけられたウラギンシジミの卵

クズの花を食べるウラギンシジミの幼虫

フジマメに産卵するウラナミシジミ
このチョウは夏〜秋に北へ向けて長距離移動する

フジマメのみつを吸うウラナミシジミ

フジマメの花蕾のウラナミシジミの卵

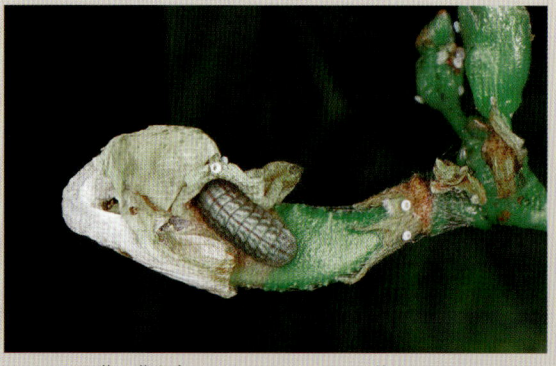

フジマメの若い莢を食べるウラナミシジミの幼虫

葉の上で休むミドリシジミ

リアトリスのみつを吸うベニシジミのメス(右)と，オス(左)の求愛

オミナエシのみつを吸うヤマトシジミ

カタバミの葉裏のヤマトシジミの幼虫

チャバネセセリの交尾

クマバチとともにフジのみつを吸うチャバネセセリ

カラムシの葉を食べるフクラスズメの終齢幼虫

フクラスズメ幼虫あふれる ◆過密が招く死の行進

　山すそのカラムシやコアカソの葉を食べつくした，体長約5 cmの真っ黒な毛虫が，そばを通る幅4 mの道にあふれ出し，1 m四方に約10頭の割で，約50 mにわたって同じ方向へ，秒速約7 mmで歩き続ける……。

　これは，秋晴れの1966年9月26日，三重県の山間部，安芸郡芸濃町落合の路上で見られたガの一種，フクラスズメ（ヤガ科）の幼虫群の光景を，その翌日に調べた，れき死体の数などから，再現したものだ。当然，車にひかれて死ぬ虫は一部に過ぎないから，当時の規模はこれをはるかに上回ったに違いない。

　また，山すそ幅40 cmの水路の底には，1 m当たり平均70頭もの水死体が見られて，道路へ出る前は，もっと密度が高かったことや，水も避けないような異常行動がうかがわれた。これらの幼虫は，頭の幅からみて，主として6齢（幼虫の最終齢）であった。

　その後，1974年10月5日には，津市の一部で，丘陵地の南斜面のカラムシで育った多数の黒い幼虫が，約10 m離れた人家の庭や，50 m先の道路にまで進出したことが認められた。この場合も，水域には偶然とは思えぬほどの死体が見られ，また生息地からあふれた幼虫は，あてもなく歩き続ける行動を示した。そして，幼虫がまだ残っていたカラムシ帯での密度は，1 m²当たり，最高約100頭という異常さであった。

　こうした例から，幼虫の大発生の結果として，発生基地から毛虫があふれ出る現象が起こったことがわかる。ここで注目されるのは，どの場合も，体が黒っぽくて頭がオレンジ色の黒化型と，淡色部が多くて頭が黒い淡色型の幼虫が混在する。そして歩き回るのは，全部黒化型で圧倒的に多いのに対し，淡色型は少数で食草にとどまり，前の型とは別行動をとることであった。このほか，たとえば幼虫を刺激（直接触れたり，チェロのGのピッ

フクラスズメ幼虫の色彩の変異

チカットによる空気振動など)した場合,体の前部を持ち上げて後ろにそらし,左右に振ったり,緑色の液を吐いたりする反応は,黒化型が早い。また黒化型は,植物体から落ちやすく,ガラスの容器内でも活発なことなど,色彩とともに性質も異なることを示した。先にあげた多数の水死体は,こうした黒化型の活発な性質によるものであろう。

このような幼虫の型は,後天的な条件,とくに幼虫の初期を独りで暮らすか,大勢でか,といった仲間の刺激がホルモンを通じて,黒化型に変身させると考えられている。だから,幼虫大発生の年に,そうした型が出やすいことになる。

このガは成虫で冬を越し,幼虫は6-7月と8-10月の2回発生するのが普通だが,幼虫があふれ出すのはほとんど秋の方が二世代目ということで,幼虫の数がふえやすいためであろう。しかし,大発生の条件は,まだわかっていない。

生息地からあふれた幼虫は,天敵に攻撃されやすく,また水や車などによる事故もあって,死ぬものが多い。たとえ生き残っても,発育不良だから貧弱な成虫にしかなれないので,子孫の維持には余り役立たないようだ。しかし,発生地にとどまる淡色型の幼虫は,過密状態の解消が直接的に空間と食物を保証することとなって,有力な次世代の担い手となると考えられる。したがって,黒化型幼虫は一種の人口調節的な役割を演ずるように見える。

以上のことは,虫にとって,「仲間」という生物的環境の重要性を示すものだが,さらに注目されるのは,こみ合う条件でも幼虫全部が黒化型とならず,少数の淡色型が混在して,前者の死の行進に近い結果が招く虫数の低下をカバーして,世代の継続を支えるという,対応の巧妙さである。

〈1978年9月23日〉

フクラスズメの幼虫が多発したカラムシ。葉脈だけが残っている

フクラスズメの幼虫が多発中のカラムシ

フクラスズメが多発していないカラムシの状況

フクラスズメの終齢幼虫。濃色型（左）と淡色型（右）

フクラスズメ幼虫（濃色型）

フクラスズメ幼虫（淡色型）

多発生して食草を食いつくし路上を歩きまわる
フクラスズメ幼虫

上体を反転して威嚇するフクラスズメの幼虫

多発生して病死したフクラスズメの幼虫

地表のフクラスズメの蛹

羽化直後の成虫

カブトムシとともに夜間にクヌギの樹液を吸うフクラスズメ

チョウ・ガの生活と環境 | 43

10月に咲いたソメイヨシノザクラ

モンクロシャチホコの幼虫に食害されて丸坊主になったサクラ

花を咲かせるモンクロシャチホコ　◆毛虫の食害が原因

　秋もたけなわというのに，サクラやナシなどの花がほころび，時ならぬ花便りが話題を呼ぶことがある。こうした現象は，昔から返(帰)り咲き，狂い咲き，二度咲きなどと呼ばれ，俳句の冬の季題ともなっている。

　その原因はいろいろのようだが，虫が一役買う場合もあって，シャチホコガ科のガ(蛾)の一種，モンクロシャチホコは，その代表格だ。

　この虫は，蛹で土中で冬を越し，7-8月に成虫となり，サクラやナシ，アカメモチなどバラ科植物の葉裏に，数十から数百の卵をまとめて産む。幼虫は，8月中旬から9月にわたって現れ，静止するときに見せる体の前部と後部をそらす姿勢から，名古屋にゆかりのシャチホコとかフナガタ(舟形)ムシ，シリアゲムシなどと呼ばれる。

　彼らはかなりの期間，群がって行動するので，卵のあった枝から順次に葉が食い尽くされ，次第に木全体に及び，ついには丸坊主になることさえ

ある。そうした事態は，幼虫が成長して，食べる量が急増する晩夏から秋にかけて起こる。こうした木が，返り咲きすることが多い。

　1977年，三重県津市で高さ3.5ｍのサクラについて観察された例を次にあげてみよう。モンクロシャチホコのため，9月中旬には葉がほとんど食いつくされたが，10月中旬には新しい葉が展開，開花は10月16日に始まり，下旬にはピークに達した。この木は同年の春の場合，3月17日に咲き始め，同21日ごろ満開であったから，満7カ月後に再度の開花をみたことになる。しかし，春に比べて，花の色はうすく，またその数も20分の1程度と少なかった。また，春には花が終わって葉が展開したが，秋ではほとんど同時的であった。

　ところで，初秋のころの台風で落葉したサクラやナシが，中秋のころに咲き出す現象は，返り咲きの好例として知られる。これは，葉の消失が引き金となって，翌春のための花芽を展開させる生

44　里山の昆虫たち

サクラの葉裏に静止するモンクロシャチホコ終齢幼虫。左が頭部

理的変化が植物体内に起こるためで、そのころの小春日和的な気象条件も、それを促進するといわれる。モンクロシャチホコの幼虫の場合も、手段は違うが似た時期に葉を消耗させるわけだから、共通の現象と考えられている。

先の津市内での観察例の場合、その年は葉を散らすほどの暴風もなく、ガの幼虫が返り咲きのきっかけを作ったわけだが、さらに9月からの高温、とくに10月の記録的な高温と多照も、こうした現象を助けたようだ。

いずれにしても、虫が返り咲きの役を演ずるには、翌春に備えた花芽の形成後で、しかも樹木がまだ活動的な時期に出現して、葉を食いつくすほどの数に達する必要がある。東海地方のバラ科植物に対して、その可能性があるのはモンクロシャチホコのほか、アメリカシロヒトリの第二世代とミノムシ類などだが、普遍的なのは最初の種類だろう。これらの虫は、どれも卵をまとめて産むから、ふだんの年でも産卵された木、とくに独立した木は、秋に緑をとどめない事態が起こりうる。もちろん、虫の数に比べて木が大きければ、それが特定の枝だけですむことにもなる。したがって、これらの虫の仕業による返り咲きは、毎年どこかで起こる可能性があるわけだ。

今年もモンクロシャチホコの幼虫に食い荒らされたサクラが目立つころとなった。もし、木の上に食い残された葉柄や脱皮殻が、また地面に糞やそれによる土の色の変化が見られたら、この虫の仕業と診断される。今後の天候で程度の差はあるだろうが、そうしたサクラは澄んだ空に、虫と植物との不思議な関係のあかしを掲げるはずである。

〈1978年10月7日〉

チョウ・ガの生活と環境

交尾中のモンクロシャチホコ

ウメを食害するモンクロシャチホコの中齢幼虫

46 | 里山の昆虫たち

ビワの葉裏のモンクロシャチホコの1齢幼虫の集団

ビワの葉裏のモンクロシャチホコの中齢幼虫の集団

ピラカンサの枝上の終齢へ脱皮直後の幼虫

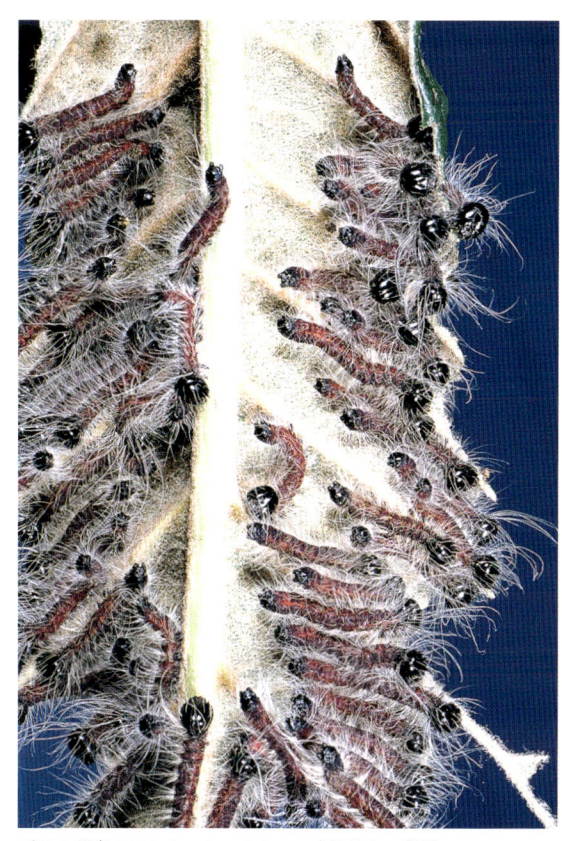

幼虫を襲う天敵のゴミムシ幼虫

チョウ・ガの生活と環境

タマスダレに発生したハマオモトヨトウの幼虫集団

ハマオモトヨトウの挑戦　◆本州の南岸から新天地へ北上

　気候，食物，なかま，敵，すみかなどのしがらみの中で，勢力圏を保っている虫たちにとって，そこからのはみ出しは冒険ともいえるのだが，あえて新天地への進出を試みた，あるいは試みつつある一群の虫もいる。いうなれば，新しい環境への挑戦者たちだ。

　1976年愛知県常滑市で発見されて以来，約10年という異例の早さで全国に地歩を固めた，米国原産の稲の害虫，イネミズゾウムシ（甲虫の一種）や，東海地方でも分布域を拡大中の，中国原産と推定されるアオマツムシは，挑戦の成功者といえよう。ここでは，最近そうした挑戦の胎動を見せ始めた，ハマオモトヨトウを話題としたい。

　この名は，夏の砂浜を彩るハマオモト（ハマユウ）に依存して生きるヨトウガ（夜盗蛾）を意味する。もともと，この植物も虫も，そのルーツは遠いアフリカ大陸で，まずハマオモトの実が海流で運ばれ，各地の海岸に漂着して次々と分布を広げ，

それを追ってこの虫も進出してきたと考えられている。

　ところで，わが国のハマオモト自生地の北限を結ぶ線が，最低気温の極値の平均−3.5℃および年平均気温の平均15℃の各等温線に，よく一致することを解明した植物学者によって，1938年，前の等温線が「ハマオモト線」と命名された。この線は，房総半島南部を最北限として本州南岸を東西に走るもので，遠州灘沿岸，渥美半島，志摩半島，熊野灘沿岸などがふくまれる。

　この線はすでに1933年，昆虫学者によって命名された「本州南岸線」に一致する。この線は最初，稲の害虫サンカメイガ（イッテンオオメイガ）の分布北限を知るために，越冬幼虫の体液凍結温度から求められたのだが，その後，広く動植物の分布特性を示す線として提示されたものである。

　一方，ハマオモトヨトウの幼虫は，ヒガンバナ科のハマオモトのほか，スイセン，ヒガンバナ，

48 ｜ 里山の昆虫たち

ハマオモト（ハマユウ）の自生地と越冬株（三重県日和浜，12月）

（越冬株）

　タマスダレおよびアマリリスの葉や鱗茎でも発育できることが実験的に確かめられ，潜在食性の広いことを示した。しかし，スイセンとヒガンバナは夏期に地上部が枯死すること，また，タマスダレとアマリリスは常緑でも栽培種のため，地域や面積が限られることから，結局，ハマオモトが野外におけるこの虫の最有力な食草で，両者の分布は一致すると考えられてきた。

　そして，三重県の志摩半島や熊野灘の一部の離島では，1959年から60年にかけて，初めて薬剤を散布したほどの異常な密度増加を見たが，アメリカシロヒトリなどのような，大発生に伴う分布拡大の現象は認められなかった。

　ところが，80年以来，ハマオモト線以北の地域でも，この虫の発育態が，一時的ではあるが見られるようになってきた。今までに確認されたのは，愛知県西春日井郡新川町を最北端として，名古屋市緑区，三重県の四日市市，津市などの一部で，ハマオモト線との陸上最短距離は，60 kmから90 kmにわたっている。

　これらの地点における発生様相の特色は，秋期の世代だけが突然出現し，初冬には老熟幼虫や蛹になるが，最北端の新川町では越冬できないこと，発生地は，住宅地に植えられたタマスダレが中心で，しかも街路灯や屋外灯の近くに位置すること，

8月下旬には，食草から離れた地点でも灯火に飛来する成虫があること，などである。

　以上の様相を，三重県のハマオモト線付近における本種の周年経過などから推定すると，出現するのはその年の最終世代であり，その発生源は，多分第三回成虫の一部が以南の供給地から北上して灯火に飛来し，付近の食草に産みつけた卵ということになる。今のところ，この世代の運命は悲観的で，犠牲は大きいはずであるが，それでも，こうした一時的な北進現象が毎年繰り返されていることになる。

　このような現象が始まった理由はわからないが，下関市でも同じころから認められているので，広域にわたる動向として注目される。こうした現象では先輩格のウラナミシジミ（シジミチョウの一種）も，三重県の越冬地はハマオモト線付近にあって，毎年そこから世代を重ねながら北上すると考えられているが，まだ，分布の拡大には成功していないようだ。

　ハマオモトヨトウが新しい環境へ挑戦して，どのような適応力を発揮するかは，わが国の昆虫相の成り立ちを知る上からも，見守る必要があるように思われる。

〈1978年6月5日〉

ハマオモトの葉に産みつけられたハマオモトヨトウの卵塊

ハマオモトの花の苞に産みつけられたハマオモトヨトウの卵塊の拡大

孵化直後の幼虫と卵殻

ハマオモトヨトウの孵化

ハマオモトの葉内に潜るハマオモトヨトウの若い幼虫

タマスダレの細い茎内に潜り食害するハマオモトヨトウの3齢と4齢幼虫

50　里山の昆虫たち

ハマオモトの花

民家に植えられたハマオモトの花を加害したハマオモトヨトウ

ハマオモトの葉肉内から出てきた4齢幼虫の群れ

タマスダレの花茎にとまるハマオモトヨトウの終齢幼虫

ハマオモトの花茎内を食害するハマオモトヨトウの終齢幼虫

チョウ・ガの生活と環境 | 51

ハマオモトの花茎に穴をあける幼虫

ハマオモトの花茎内のハマオモトヨトウ幼虫（右）と食痕・潜入しようとする幼虫（左）

タマスダレの株元に潜む蛹になる直前の幼虫

ハマオモトヨトウの終齢幼虫の頭部

ハマオモトの葉の間から頭を出しているハマオモトヨトウの蛹（さなぎ）

タマスダレの株元の土中で見つかったハマオモトヨトウの蛹

ハマオモトヨトウの蛹の側面

ハマオモトヨトウの蛹の腹面

ハマオモトヨトウの雌雄の成虫

死んだまねをするハマオモトヨトウの成虫

チョウ・ガの生活と環境　53

洞穴の内部の調査（三重県篠立の風穴）

篠立の風穴で越夏中のチャイロカドモンヨトウ

カラスヨトウの夏を過ごす戦略　◆屋根裏での休眠や山への移動

　わが国が中緯度地帯に，しかも大陸の東端近くに位置することが，変化に富む季節現象をもたらすといわれる。三重県津地方を例にしてみても，最寒月(1月)の日最低気温と最暖月(8月)の日最高気温の月別平均値の差は，約30℃もあるし，また日の長さも，夏至と冬至では，約5時間の開きがある。こうした季節変動に，虫たちはさまざまな生活史を組み立てて対応している。

　ここでは，厳しい暑さに対して，成虫の夏の休眠(夏眠)，つまり成虫がホルモンなどの作用で，生理的に発育休止の状態に入ることと，それに連動した生息地の移動といった「越夏戦略」を話題としたい。

　成虫の体や前ばねが真っ黒なため，カラスヨトウ(烏夜盗)と呼ぶ蛾の場合は，幼虫の食草(たとえばタンポポ)のある雑草地や低木地で育った成虫が，休眠に入るとともに，枯れ木の皮の内側や裂け目，人家の屋根裏などに移って夏を過ごす。そして秋に再び雑草地などにもどって産卵する，という様式である。

　かつてこの虫の越夏場所であった，三重大学平倉演習林(三重県美杉村・標高約500m)の木造の建物における例では，成虫は6月下旬から屋根裏などに入り始める。出るのは9月下旬からで，越夏は約3カ月にわたり，個体数は建物全体で約200頭に達した。越夏中の成虫は，雌の卵巣の発育停止という，成虫休眠の特色以外に，行動上も特異性を見せた。たとえば，越夏場所へ入る時期とそこからの退去期，つまり休眠初期の終期の成虫だけが灯火へ飛来したが，越夏期の成虫は，数m近くにいても無反応であった。

　またこの時期の成虫の行動は不活発で，その上，体を何かに接触させる習性を持つために，すき間への潜入や集合現象が見られた。越夏場所の気温は，百葉箱内に比べても，最高気温は低く，較差も少ない傾向を示した。したがって，高温下で死

54　｜　里山の昆虫たち

マエモンオオナミシャク

プライヤキリバ

建物の壁で越夏中のカラスヨトウ

亡率が高いこの虫にとって，こうした場所への移動は，夏の高温を避けるうえで重要な意味を持つことが示唆された。そして，越夏個体群の最大の死亡要因は，コアシダカグモによる捕食であった。

蛾類には，夏期，石灰洞穴などで発見される種類もある。たとえば，三重県北部の藤原町にある篠立風穴では，マエモンオオナミシャク，チャイロカドモンヨトウ，プライヤキリバなどが観察されている。これらの幼虫はすべて食植性とみてよいから，カラスヨトウに似た越夏戦略を持つと推定される。洞穴内の気温や湿度の恒常性は，これらの越夏に役立つと思われるが，コウモリ類による捕食は避けられないようだ。

アリマキの捕食者，ナナホシテントウも，岐阜県では年2回発生のうち，第1回成虫が6月下旬から夏眠に入るとともにススキなどの株元に移り，8月上旬まで続くことが岐阜大学の桜井宏紀さんたちによって明らかにされている。三重県でも同じ傾向であるが，この越夏個体群は，10頭内外の群れを作る例が多く，カラスヨトウと同様な習性が発達するものと思われる。

越夏場所は，太陽の直射光が遮断されたところで，越夏前の活動していた場所に比べ，照度・気温ともに低い条件にあったから，越夏には有利に作用すると思われた。この時期に，槍ヶ岳や白根山の，標高2000mを超える地点でも，岩のすき間などでこの虫の集団が見られているので，平野部よりも大規模な移動もありそうだ。

こうした虫たちがいることは，昆虫類の生活史を究明する際に，生息場所の移動を考慮する必要性を示している。これは，虫の生活をよりよく理解するためだけではなく，虫との共存－保護を考えるうえでも重要であろう。

〈1987年6月19日〉

サツマニシキが生息する鎮守の森（三重県松阪市阿射加神社）の全景

鎮守の森のサツマニシキ　◆食樹ヤマモガシとのかかわり

　鎮守の森と呼ばれる社寺林は，人々の信仰の対象となる聖域であるため，里山化以前のその地域の自然林の景観をとどめていることが多い。三重県中部の松阪市郊外にある阿射加神社の森の場合，スダジイ，アラカシ，ヤマモガシ，サカキ，クロガネモチなどの常緑広葉樹林から構成されている。ここには自然分布の北限と推定される昼飛性の美しいガの一種サツマニシキがその唯一の食餌植物であるヤマモガシに依存して生活している。サツマニシキはここでは餌植物のヤマモガシだけでなく，鎮守の森全体を生活圏として活用している。

　サツマニシキは，分布の限界に近いこの森域にすみながら，気候条件などが全く対照的な夏と冬という季節をふくんで，それぞれ生活史を完了させていること，すなわち夏世代と冬世代を繰り返すという，常緑樹に依存した種的特性を持っている。

　こうした生活史完成のためには，森林の上空から林床に至るまでの広い空間と垂直構造がかかわっている。この森の上空は，成虫が交尾のため夕刻になると群飛する空間である。また，この，森のヤマモガシは地表10 cm内外に生える小さな実生から，20 mを越える高木の先端部まで，さまざまな大きさ，樹齢の木があるが，いずれもが幼虫の生活圏となっている。さらに地表の落葉層付近は，老熟幼虫が地上に降りてきてまゆをつくる場として，重要な意味を持っている。

　幼虫に食と住を供給するヤマモガシは，鎮守の森の構成種として，他の植物とも密接に関連し合っている。たとえば，この森に最も多く見られるスダジイを主体とする高木層は，夏季の強い太陽の光が林床に直射するのをさえぎるので，ヤマモガシの小さな実生が生育するうえで必要な薄暗い湿度の高い空間をつくりだすうえで重要な役割を果たしている。

同神社の本殿

食樹のヤマモガシで休むサツマニシキの成虫

ヤマモガシの葉上のサツマニシキの終齢幼虫

　他方では，そうした低い照度の環境が，樹冠層以下に生育するヤマモガシの中，低木の樹勢の維持やその回復には，かえって不利を招くと思われる場合もある。たとえば，1993年の場合，ヤマモガシは，春から初夏と，晩夏の2度にわたって，サツマニシキの幼虫が多発してほとんど葉を食いつくされた。その結果，同年から翌年にかけて，中，低木の樹勢は衰退し，ひどいものは枯死の運命をたどった。とくに，低照度環境の北側林でそうした樹木の割合は，多い傾向を示した。この年の7月と8月は異常な低温と日照時間の不足があり，さらには翌年6-8月には記録的な少雨と7-8月の異常な高温といった気象条件が重なって，そうした傾向を助長したことであろう。

　このようなヤマモガシの動向は，サツマニシキの発生にも微妙な影響を与えた。というのは，サツマニシキの幼虫による葉の大量消費はまずヤマモガシの樹勢低下の下地となった。これに気候条件と林内環境の影響が加わって，ヤマモガシは生産力が低下し，そのためサツマニシキは幼虫の食べる葉が不足して飢餓幼虫の集団が多量に発生した。この森のサツマニシキの個体群は一時的に密度が著しく低下したのである。つまりは，鎮守の森という限られた環境の中で生活するサツマニシキの個体群に，微妙な密度調節機能が作用したと考えられる。

　いずれにしても，1993年と94年は，サツマニシキとヤマモガシの相互作用に，この森の微妙な構造と機能が働いたことを示すものであろう。

チョウ・ガの生活と環境　57

樹幹のすき間に産みつけられたサツマニシキの卵塊

サツマニシキの1齢幼虫。葉肉をかじりとる（体長約1mm）

2齢幼虫（体長約4mm）

脱皮直後の3齢幼虫と脱皮殻（体長約4.5mm）

葉裏の4齢幼虫（体長約4.5mm）

5齢幼虫（体長約8mm）

脱皮直後の6齢幼虫（体長12mm）と脱殻

7齢幼虫（18mm）

58 ｜ 里山の昆虫たち

葉を食いつくした終齢（8齢）幼虫

摂食中の6齢幼虫の頭部。背面から見ると下面に隠れている

5齢幼虫の腹面（上が頭部）

終齢幼虫の頭胸部を背面から見る。口器は下面内側にある

チョウ・ガの生活と環境 | 59

株床に生えるヤマモガシの実生

ヤマモガシの成木

サツマニシキの若齢幼虫によるヤマモガシの食痕

サツマニシキの老齢幼虫による食痕

食樹を食べ尽くして地上を歩行する幼虫

ヤマモガシの枯葉につくられたサツマニシキのまゆ

サツマニシキの蛹。オス（上）とメス（下）

サツマニシキ成虫（第1世代メス）

幼虫の天敵サムライコマユバチの1種が
サツマニシキ4齢幼虫の体外へ出てきたところ

寄主のそばで白いまゆをつくったコマユバチ

サツマニシキ幼虫へ寄生するコマユバチの成虫

チョウ・ガの生活と環境

ヒサカキ葉上の成虫（メス）

ノイバラの葉に静止する成虫

葉の表面に産みつけられた卵（越冬世代）

孵化直後の幼虫の集団（越冬世代）

ホタルガ　◆常緑のヒサカキに依存

　ホタルガは三重県下の里山に普通に見られるガの仲間で，幼虫はヒサカキの葉を食べる。成虫は昼飛性で年2回発生し，第1回は6月中旬〜7月上旬，第2回は9月中旬〜10月上旬に現れる。第1回の発生は夏世代，第2回の発生は冬世代と呼ばれ，幼虫は6齢を経過し，老熟後はまゆをつくりその中で蛹になる。冬世代の幼虫期間は10月上旬〜翌年5月中旬の7カ月余の長期にわたる。冬は3齢を中心としたステージで，冬の間もゆるやかな発生を続ける。こうして秋から翌年初夏までヒサカキの葉に依存して生活するパターンは，常緑樹を食べる昆虫の特性の一端を示す。

　成虫が生息環境として選択するヒサカキは，雌雄異株のこの植物の性別には無関係である。すなわち，上層の樹冠部を構成するマツやコナラなど，里山に自生する各種の植物で構成された環境，いわゆる半日陰の環境に生えているヒサカキである。このようなヒサカキでは，産卵が多く行われるので幼虫の密度も高い。

　しばしば幼虫密度が異常に高まり，全葉を食いつくす事態もある。その場合，低い照度の環境で生育するヒサカキ，とくにその幼木はホタルガの幼虫の食害によって，枝の長さや葉の数が少なくなって，樹勢が著しく低下する。これに高温，乾燥などの気象条件が重なると，枯死することもある。

ホタルガ幼虫の越冬世代が多発したヒサカキ（約2m）

4-6齢の越冬幼虫が高密度に発生したヒサカキ

2齢幼虫の集団（体長3.3mm）

葉の裏側表面を食べる3齢幼虫

脱皮直後の4齢幼虫

終齢幼虫（体長15mm）

葉を縁から食べる亜終齢幼虫

終齢幼虫は触れると体の表面から粘液を分泌する

チョウ・ガの生活と環境

里山のガ Ⅰ

オオミノガのメス成虫のみの

オオミノガのオス成虫

ヒグラシの腹部に寄生しているセミヤドリガの幼虫（体長4.3mm）

セミヤドリガの成虫（メス）とまゆ

ミノウスバの成虫（メス）

マサキの葉上のミノウスバの幼虫集団

チャエダシャクの幼虫 　　　　　　　ヒロバトガリエダシャクの幼虫 　　　　オオトビスジエダシャクの幼虫

トビモンオオエダシャクの幼虫 　　　　　　　　フタナミトビヒメシャクの幼虫

ハスオビエダシャクの幼虫 　　　　　セブトエダシャクの幼虫 　　　　　　ヨモギエダシャクの幼虫

チョウ・ガの生活と環境 | 65

里山のガ　II

エグリヅマエダシャクの幼虫

ヨモギエダシャクの幼虫に卵を産みつける寄生バエ

ヤママユガのオスの頭部

ヤママユガの卵

コナラの葉上のヤママユガの若い幼虫

クヌギの枝上のヤママユガの老熟幼虫

クヌギの葉につくられたヤママユガのまゆ

ヤママユガの成虫（オス）

オオミズアオの成虫（オス）

メンガタスズメの胸部背面の人面模様

樹の幹に静止するメンガタスズメ

ゴマの葉を食べるメンガタスズメの終齢幼虫

メンガタスズメの蛹

里山のガ Ⅲ

エビガラスズメの成虫

エビガラスズメの蛹

エビガラスズメの終齢幼虫

カラーを食べるセスジスズメの終齢幼虫

ヘクソカズラを食べるホシホウジャクの終齢幼虫

ムベの枝のアケビコノハの終齢幼虫（褐色型）

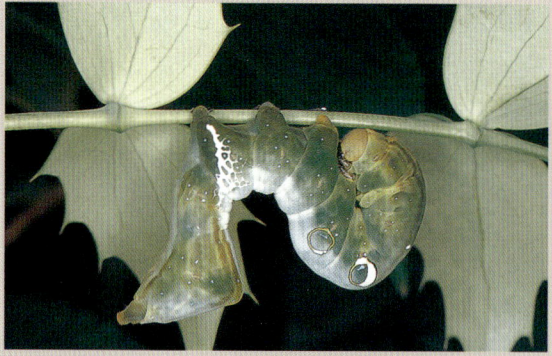

ヒイラギナンテンを食べるアケビコノハの終齢幼虫（緑色型）

里山の昆虫たち

ムベの葉の間のアケビコノハの蛹

アケビにとまるアケビコノハ成虫

ツバキの花を食べるスギタニモンキリガ幼虫

ツバキの葉上のスギタニモンキリガ成虫（オス）

マイマイガの交尾（右がメス）

病気におかされたマイマイガ幼虫

アカメガシワの葉上のドクガの越冬前の若い幼虫

ドクガの越冬後の終齢幼虫

里山のガ Ⅳ

チャドクガの成虫

ツバキの葉裏のチャドクガの卵塊

サザンカを集団で食べるチャドクガ幼虫

ヒロヘリアオイラガの成虫

ナンキンハゼ上のヒロヘリアオイラガの若齢幼虫

ヒロヘリアオイラガの終齢幼虫の頭部

ナンキンハゼの葉裏のヒロヘリアオイラガの終齢幼虫

地表近くの樹幹につくられたヒロヘリアオイラガのまゆ

70　里山の昆虫たち

3 コオロギと環境

ハラオカメコオロギの成虫（オス）

ツヅレサセコオロギのメス（左）と鳴いているオス（右）

コオロギ温度計　◆変わる音色やテンポ

　秋に鳴くコオロギ類のシーズンはかなり長く，残暑のころから初冬にまでわたるものが少なくない。したがって，鳴き声のメロディーは同じでも，テンポや音色が季節の推移とともに変わるものが多い。そこで，発生期間が長くて，しかも身近にすむツヅレサセコオロギについて，そうした変化を追ってみよう。

　このコオロギは卵で冬を越し，成虫は8月から11月まで姿を見せる。草地，畑，庭などがおもなすみかだが，秋が深まると家の中にも入り込む。庭のごみや石，植木ばちなどの下から，あわてて跳び出すことが多い。雄の鳴き声には，リイ・リイとリズミカルに鳴き続ける「本鳴き」と，リー・チリーと優しく聞こえる断続的な「誘い鳴き」の二通りがあって，後の場合は，雌がそばにいるのが普通だ。

　このうち，本鳴きについて，10秒間の発音回数（リイ・リイという回数），つまりテンポと温度との関係を示すと【図】のようになる。これは，1974年から2年がかりで，8月下旬から11月上旬にわたり，早朝および夜間，野外で行った録音と鳴いているところ（石の間や土の割れ目など）の温度測定の結果によるものである。

　測定範囲は，最高の27.5℃，54回（8月21日）から，最低の13.5℃，14回（10月24日）にわたったから，その変動の幅は，温度で14℃，発音回数で40回に達した。最低の13.5℃は，10秒間連続して鳴く限界温度であった。また，鳴かなくなる温度は，さらに低く10℃付近と推定された。

　発音回数と温度との関係は直線的で，温度1℃ごとに鳴く回数は，2.8回の割で変わることを示した。そして，両者の間には，簡単な一次式が成立するから，発音回数で温度が推定できる。たとえば，10秒間に鳴く数(x)が20回，40回の場合，この式からそれぞれ15℃，22.1℃と推定される。

72 ｜ 里山の昆虫たち

鳴いているツヅレサセコオロギ

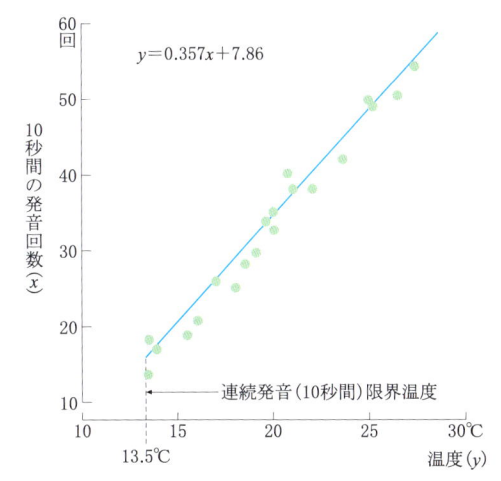

図：ツヅレサセコオロギの発音回数と温度の変化

$y = 0.357x + 7.86$

連続発音（10秒間）限界温度
13.5℃

しかし、この温度は、実際に鳴いている彼らを取り巻く微細な空間の気温であって、秋の夜では、外気よりも0.5℃から4℃も高いことに注意する必要がある。

ところで、こうした本鳴きのメロディーを演奏するためのはねの動かし方は、遺伝的特性であろうが、鳴き声のテンポ（発音回数）、高さ、および強さは、はねを動かす筋肉の活動の程度に左右さ れるから、それが体温、ひいてはまわりの温度に支配され、先にあげたような密接な関係を招いたものであろう。

したがって、秋も深まるとテンポがゆるやかになるだけでなく、鳴き声も低く、しかも弱々しくなって、ひとしお哀愁を帯びてくる。昔の人は、そうした声を「肩させ、裾させ」と聞いて、このコオロギが冬に備えて衣服の修理を勧めていると受けとめたらしい。ツヅレサセという名の起源も、ここにある。同様に、次の古歌のキリギリスが、このコオロギをさすのも間違いなかろう。

秋風にほころびぬらし藤ばかまつづりさせてふきりぎりす鳴く（古今和歌集）

きりぎりす鳴くや霜夜のさむしろに衣かたしきひとりかも寝む（万葉集）

こうしてみると、このコオロギは、温度に伴う歌声の変化を通じて、昔から日本の秋のムードづくりに一役買ってきたように見えるが、さて現代では、その声に耳を傾ける人が果たしてどれほどあろうか。

〈1978年9月30日〉

コオロギと環境 | 73

マダラスズの成虫

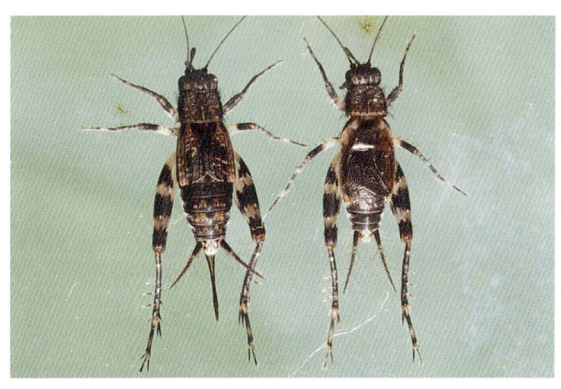

御在所岳山頂で採集されたマダラスズのオス（右）とメスの成虫

マダラスズの採集された1968年8月の御在所岳の移植シバ

表：三重県御在所岳頂上付近の芝で見られた虫の一例

	1962.8.31	1962.9.21	1968.5.31
ヒナバッタ	1	0	0
ヒシバッタ	(1)	(14)	6 (1)
ショウリョウバッタ	(25)	(6)	0
イナゴ	(3)	0	0
クサキリ	(1)	0	0
エンマコオロギ	(11)	(1)	0
マダラスズ	(4)	3 (3)	7 (27)
ヒゲシロスズ	0	(1)	0
計	46	28	41

＊1961年12月に移植された芝地。10.6×0.85 m の芝地の3列あたりの虫数
＊カッコ内は若虫（幼虫）数

山上にすみ着く ◆北国的な条件に適応

　山の秋は、山頂から始まる。三重県北部に位置する鈴鹿山脈の主峰、標高1209.7 m の御在所岳の山頂付近では、平地がまだ炎暑にあえぐ8月中ごろ、もうススキの穂も出そろい、夏の初めから滞在していたアカトンボの乱舞が、さらに秋の気配を添える。こうした夏の短い山上に運ばれた、平地の虫がたどる運命を見せる舞台が、人目をひかぬ片すみで展開されている。

　今まで、平地から山のふもとまででしか見られなかったバッタ、キリギリス、コオロギの仲間たちが、中腹を飛び越えて山上に姿を見せたことに気付いたのは、1962年夏のことであった。【表】は、その一例である。

　これは、山頂から直線距離で約3 km のふもとにある、三重県菰野町千草で育てられた芝を、斜面の土くずれを防ぐため、61年12月に移植した場所で、次の年と8年目に調べた結果である。次の年に見られた8種の虫のうち、ヒナバッタとヒ

シバッタの2種は、前から山の住人でもあったが、他の6種は新顔で、しかもすべて若虫（幼虫）であった。後者のどれもが、土の中で卵で冬を越すことや、若虫のいたのが芝地に限られたことから、前年に芝の土とともに運ばれた卵が、当年にふ化した結果と考えられた。

　さらに、マダラスズを除く5種は、どれも年1回の発生で、平地では8月中にほとんど成虫になるのだが、山上では9月21日でも認められていない。結局、これらの虫は山頂の低温のため、発育を終わらないうちに秋冷を迎え、死に絶えたと思われる。それは、8年目の結果からも明らかであろう。

　これに対してマダラスズだけは、ふ化当年の9月下旬には成虫も出現し、8年目にはふえる傾向さえ見せて、山上にすみついたことを示した。

　この虫は、東海地方の平地には最も普通のコオロギで、芝地や畑などにすみ、6-7月と9-11月の

ヒシバッタ成虫　　　　　　　　ヒナバッタ成虫（オス）　　　　　　ヒゲシロスズ成虫（オス・メス）

エンマコオロギ幼虫　　　　　　　　　　　ショウリョウバッタ幼虫

2回，成虫が現れ，間をおいた，ジィーッ・ジィーッという地味な声で鳴く。先にあげた芝の供給地も，年2回の発生地帯だが，山上に移されると，8月下旬から9月にかけて成虫が出現し，発生回数が1回に減って定住しているように見える。

　ところで，このコオロギは東北北部から北では，年1回の発生となる。わが国の山岳について知られている年平均気温の逓減率，1000mにつき約6℃という値と，三重県中部の亀山や津などの気象のデータから推定された，御在所岳山頂の年平均気温は7-7.6℃で，これと近似的な値の地点は，年1回発生地帯の北海道に見られた。

　また，山上には，東北以北では平地にすむヒメクサキリ（キリギリスの仲間）などがすみ，チャボガヤなど日本海側の多雪地型の植物も分布し，生物的にも北国的，雪国的様相が見られている。

　こうした厳しい環境に，直ちに発生回数を減らすことで適応して，生き残ったナゾ解きは今後の課題だが，8年目の成虫が，三重県津市産のような平地産に比べて体全体，とくに頭や胸の背面が黒くなって北国的色彩となり，虫自身にも変化の見られることは注目される。

　このコオロギの生活史のパターンには，光周期（1日の明暗の時間の長さ）や温度が影響することが知られているが，御在所岳の山上では，北緯35度における光周期と，北国なみの気候とにさらされるわけだから，そうした条件の下で，どのような性質の虫が分化していくのか，その行方には興味深いものがある。

〈1978年9月2日〉

幼虫と成虫がいっしょに暮らすカマドコオロギ

温泉コオロギのすみか ◆かまどと運命ともに

　現在,「温泉コオロギ」という名の虫がいるわけではないが, 台所の「かまど」の盛衰とともに, 数奇な運命をたどったカマドコオロギには, 今やこの名がふさわしい気がする。

　三重県の山間, 雲出川上流の一志郡美杉村川上は, 平野に比べて一段と冬の寒さが厳しいのに, この熱帯原産のコオロギの声が年中絶えない家があった。

　昔はそうした家がどこの村でも多かったが, 次第に川上地区でも減って, 最後に残ったのは日置敬次郎さんのお宅であった。私たちが調べた1966年9月20日には, 金属的な「チ, チ, チ」というカマドコオロギの声が, 土間にどっかと腰をすえた土かまどや, ふろ場のかまどから聞こえ, 夜には土間を歩く姿も確認できた。

　そのころは, 人間と牛に必要な, いっさいの煮たきがこのかまどで行われ, 火の気の絶えることは少なかった。そのうえ, 土かまどだから, 余熱も持続するし, カマドコオロギのすみかや産卵場所になる割れ目もあって, 彼らには絶好の生息環境だったに違いない。だから, 夏には一部の虫が戸外の石がきなどで暮らすことはあるものの, かまどを本拠とした生活であった。彼らの偏平な体も薄い体色も, 暗いすき間暮らしを象徴しているように見える。

　いつごろからカマドコオロギがここにすみ着いたかわからないが, オカマゴ（かまどの子の意味らしい）という方言もあるし, また昔はかまどを新しくつくるときに, わざわざ虫を移入したり, 大切にする風習もあったそうだから, 彼らと人との交流の歴史は, かなり古いことを示唆している。

　昔は東京をはじめ多くの都市でも, かまどに火の気が多かった豆腐屋, そば屋, ふろ屋などでは, このコオロギの鳴き声が普通に聞かれたが, かまどの改良, 都市ガスの普及などとともに次第に姿を消し, かまどに依存した生活の最後のとりでが,

76 ｜ 里山の昆虫たち

カマドコオロギの卵

カマドコオロギの大小の幼虫

カマドコオロギの終齢幼虫。オス（右）とメス（左）

カマドコオロギのオス成虫（短翅型）

　山村となったようだ。
　しかし、ここも安住の地ではなかった。戦後の生活改善運動によるかまどの改良が、まず彼らの生息空間を奪い、次いで訪れた燃料革命の波は、彼らにぬくもりさえも与えなくなった。日置さんのお宅の虫たちに、こうした運命のときが訪れたのは、1970年であった。こうして、ついに川上地区でも、彼らは"幻の虫"と化してしまった。
　カマドコオロギがこのような運命をたどった最大の理由は、暑い原産地での性質をかたくなに持ち続けて、日本の季節に同調しないところにある。他のコオロギ類は、卵とか休眠状態の幼虫とか、一定の発育段階で、しかも寒さに耐える状態で冬を迎えるのだが、カマドコオロギは温度条件が許せば、次々に発育を続けてしまうから、一年を通じて成虫と若虫（幼虫）が混在し、常態のままの冬越しとなるので、低温の影響を受けやすい。
　彼らが生存できる低温限界は不明だが、沖縄では野外での越冬が推定されるので、月平均気温の目安としては、那覇での最も寒い月、1月の16℃があげられる。先の川上地区では、1月の1.1℃を最低に、10月から翌年4月までの月平均気温は那覇をぐんと下回るし、名古屋でも11月から4月までがそうで、この期間はかまどなどの暖房なしにはカマドコオロギは生存できないことになる。しかし、もう二度とかまどが台所へ戻ってくることはあるまい。
　最近、名古屋の東山動物園や大阪の天王寺動物園で、冬に暖房される動物の飼育舎に同居するカマドコオロギが観察されているが、生息環境の広さと永続性からみて、彼らの最後の安住の地は温泉地以外にはなさそうだ。今まで別府や熱海の温泉地帯の、湯のタンクや配管付近、排水溝などで確認されているが、各地の温泉にもカマドコオロギはすんでいるはずである。
　ともあれ、このように人間の生活様式の変更が、環境の変化を通じて、身近な虫の運命を変える例がここにもあることを、彼らの後退現象が示している。

〈1978年11月25日〉

コオロギと環境

鳴いているエンマコオロギのオス

コオロギ大発生　◆空梅雨で孵化・生存率高まる

　最近は水の需要がふえたため，梅雨期の雨量には格別の関心が持たれるようになったが，虫の中には皮肉にも，空梅雨による干ばつの年に大発生を起こすものがある。秋の鳴く虫のコオロギ類にもその例がある。ここでは，そうした事例を中心に，彼らの生活と環境とのかかわりを考えてみよう。

　その典型的な例は，1934年に北九州，とくに福岡県や愛媛県，三重県で，また1944年に大阪府と奈良，福井の両県で起こった大発生にみることができる。

　大発生した種類の代表は，どこもエンマコオロギであったが，44年に大阪で採集された標本では，エンマコオロギが60％，ツヅレサセコオロギが37％，残りがミツカドコオロギという割合で，同年の奈良県の誘蛾灯調査でも，前記の上位2種であった。発生量は不明だが，発生面積は福岡県では約11500 haに達し，大阪府では約100 haであった。

　大発生年の気候的な特性を，1934年の福岡と44年の大阪についてみると，平年に比べて5-7月の各月降水量とも著しく少なかった。とくに6月は100 mm以上も少なく，文字通り空梅雨であったことと，それを反映した好天の結果，これらの各月の平均気温は，0.6-1.6℃も高かったことが共通点であった。

　この結果，エンマコオロギもツヅレサセコオロギも，大発生年では5月下旬から6月中旬の孵化期と，その後の若（幼）虫期を少雨高温の下で過ごし，8月上旬からの成虫期を迎えたことになる。この成虫と，それに近い若虫とが大発生，と報じられたわけだ。卵も土の中だし，若虫期も草むらなどの地上生活だから，前記の気候条件は，孵化率やその後の生存率を高め，大発生の引き金になったのであろう。

　1986年に鹿児島県の無人島，馬毛島で，コオロギ類と同じ直翅類に属するトノサマバッタが大発生を起こした原因も，その前々年からの少雨で土中の卵の生存率や，孵化率が高まった結果と見られている。

　一方，大発生したコオロギ類の習性や行動には，異常が見られた。たとえば，前記の種類は雑食性

78　里山の昆虫たち

エンマコオロギの成虫（オス） 　　ヤスデを捕食するミツカドコオロギ 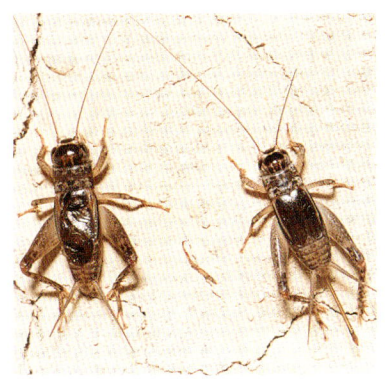　　ツヅレサセコオロギの成虫
　　　　　　　　　　　　　　　　　　　　　　　　　　　　　　　　　　　　　オス（左）とメス（右）

といわれながらも農耕地での食害の対象は，一般にハクサイやダイコンなどの野菜であるが，大発生地では，さらにイネの茎や穂，果樹の苗木，屋内の衣類などにまで及んだ。そのうえ，睡眠中の人の毛髪や足までかむという，異常な食性を示した。

また，奈良県では，これらのコオロギが誘蛾灯へ多数飛来するという，例年にない現象を認めた。このような大発生時の習性や行動の変化は，ほかの虫でも知られており，栄養失調による生理機能の低下や分散が大発生の終息の一因となることを示唆している。

ところで，これらのコオロギの雄は，東海地方では例年，立秋ごろから鳴き始める。その声は，単独でいるときの鳴き声で，なわばり宣言の意味を持つといわれる「本鳴き」，雌がそばにいるときの「誘い鳴き」，雄が出合っておどしや争い行動をとるときの「争い鳴き」に分けられている。このうち，なわばり行動にはまだ不明な点が多いが，「争い鳴き」は，雄の個体間の強弱順位に関係していることがわかっている。

エンマコオロギ成虫の強弱順位は，背番号をつけた室内実験によると，体の大きさや体重とは無関係で，性的成熟度——大体は成虫になった日の順位と一致するが，逆転もある——で決まり，ある期間は維持される。しかし，個体の活力の低下や体の一部の損傷で下位に転落すること，そして順位が離れている虫同士の出合いでは，触角の触れ合い程度で決着がつくけれども，近いか同じ順位の虫の間では，かみ合いなどの行動とともに「争い鳴き」をすること，さらにえさ，すみ場所，雌の獲得などは，この順位が支配していることなどである。

この順位関係が，野外でどのように機能しているかは検討の余地はあるが，現実に彼らの生息密度が高い草むらや積みわらなどから，「争い鳴き」を聞く頻度が高いので，有限な生活資源の効果的な配分などに役立つと推定される。しかし，大発生のような過密状態では，この機能も乱れ，個体群の衰退の一因となるように考えられる。

以上のように大発生したコオロギ個体群内に，その終息に向けて，自己調節的な要因が働く可能性が示唆されるのは注目される。さらに彼らの捕食者には，モズやムクドリなどの鳥類，トカゲ，カナヘビなどのは虫類，コクロツヤヒラタゴミムシなどの昆虫類が知られているので，これらも大発生の終息に貢献するのであろう。いずれにしても，この大発生を1年だけにとどめている背景には，こうした生物的要因も大きく作用しているはずである。

空梅雨は，梅雨前線の活動が不十分なことに起因しているから，話題のコオロギ大発生は，地球的規模の大環境の影響を受けていることになる。これは当然，草むらなどのすみ場所の微環境を通して彼らに作用しているわけだが，一方，仲間や天敵といった生物的環境にも囲まれて生活していることを示している。これが生態系の一員として生きるものの宿命であろう。虫たちの生活にかかわる環境がいかに多様であるかを，コオロギ大発生が物語っている。

〈1987年7月3日〉

アオマツムシ成虫（メス）

異国に鳴くアオマツムシ　◆樹上に住むコオロギ

　秋鳴く虫のシーズンがたけなわである。わが国のコオロギ類は，どちらかといえば，色彩も地味で鳴き声も静かに聞くレベルのものが多い。そのなかで，全身があざやかな緑にはえ，鳴き声もリィー・リィーと甲高い，日本離れした樹上性のコオロギ——アオマツムシが次第に分布を広げようとしている。

　1898年，東京で発見されたこの虫の原産地は，熱帯アジアと推定されているが，ルーツは明らかではない。樹木の組織に産卵するため，苗木とともに持ち込まれたものらしい。そのおかげで，日本の学者から，学名を与えられる結果となった。

　日本名は，昔からアオマツムシだが，アオバ（青葉）コオロギという，いきな呼び名もある。また，スズムシやカンタンと同様に，この虫の雄の背中（後胸背板）に誘惑腺があって，その分泌物が雌に好まれ，交尾に役立つことも日本で明らかにされた。

　その後，この虫は，関東から九州北部まで，飛び石的に分布するようになった。東海地方では，以前から，名古屋の東山植物園や伊勢市で鳴き声が聞かれていたが，最近では，熱海から浜北までのおもな都市，それに岡崎や愛岐丘陵などでも確認されている。

　三重県伊勢市では，1952年に確認されて以来，この虫は居ついている。それは，いろいろな定着条件が，そろっていたためらしい。まず，気候条件だが，この虫と同じ種か，または近縁種がすむといわれる中国の杭州に近い上海と，伊勢とを比べてみると年降水量には差があるが，気温は最寒月，最暖月および年平均の値ともよく似ている。

　また，この虫はサクラ，ウメ，カキ，クワ，クリなどいろいろな植物の葉を食べるため，食物が得やすい。それに，この地域にすむコオロギ類の約80％は，地上または草のうえの生活者で，樹上の生活者はクサヒバリやカネタタキなどに限ら

アオマツムシ成虫（オス）

れ，もともと競争者が少ない。すみかも街路樹や庭木など単純な人為的環境が代表的な場所だから，競争者だけでなく天敵類も少ないと考えられる。さらに戦前，戦後を通じて，農薬の空中散布もなかったことなどがあげられる。

こうした条件の下で，彼らが打ち立てた生活史は，ウメの植物体内で，卵で冬を越し，8月中・下旬から11月上旬まで鳴き，この間に交尾，産卵をすませるというものである。

しかし，同じ伊勢市内でも，発生状況は不均一で，しかも年によって変動することが，神宮司庁の杉浦邦彦技師の精力的な調査の積み重ねでわかってきた。この調査によると，毎年安定して虫の勢力が維持されている分布の中心域と，その周辺域，および年によって変動の激しい分布限界域がある。分布中心域は，1968年以来，広がる傾向で，74年には異常発生が起こって，虫の数がふえただけでなく，分布域の著しい拡大が起こった。

そして76年ごろから，伊勢神宮林の天然林内でも発生が認められるようになった。

こうした動向は，伊勢市に限らず，かなり普遍的な面もあると思われるが，とくに興味があるのは，豊かな自然の中には侵入しにくい外国からの侵入種が，自然林に姿を見せたことである。アオマツムシが長い年月のうちに幅広い適応を示して，自然生態系の構成員としての地歩を固めてきたのか，あるいは自然林が変容しつつあるのか，きわめて注目されるところである。

ともあれ，秋の伊勢市では，土着の樹上生活者のクサヒバリやカネタタキの声は，この異国の虫がボリュームをいっぱい上げて歌う間は，それに圧倒されて，聞くのはむつかしい。これが単に音量の差だけで，このまま共存できるのか，土着種との勢力の交代にまで発展するのか，大いに関心が持たれる。

〈1978年9月9日〉

アオマツムシの鳴いているオス（右）へ近寄ってきたメス

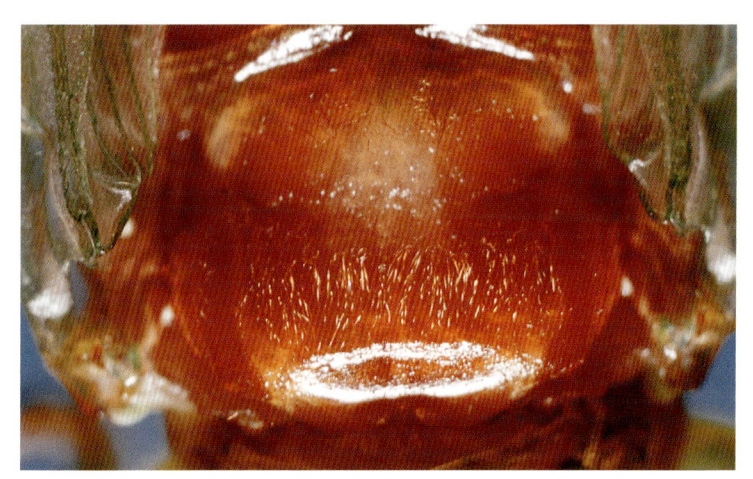

アオマツムシのオスの胸部にある誘惑腺

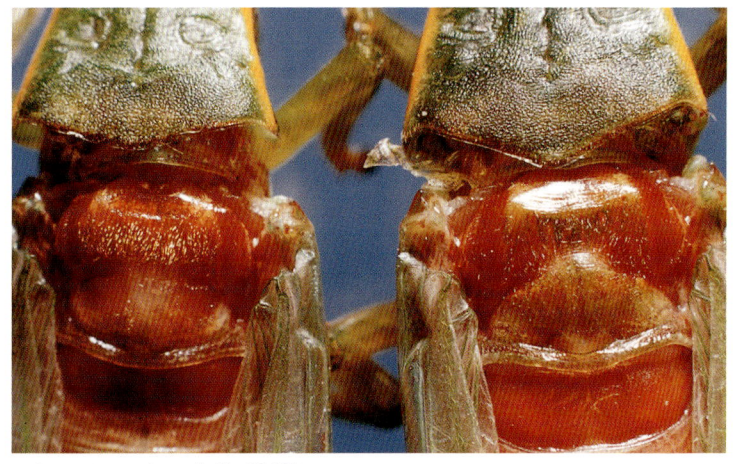

アオマツムシのオスの胸部の誘惑腺

モモの葉の上のアオマツムシ幼虫

アオマツムシのメスの前脚

アオマツムシのメスの産卵管

アオマツムシの産卵によるカキの被害果

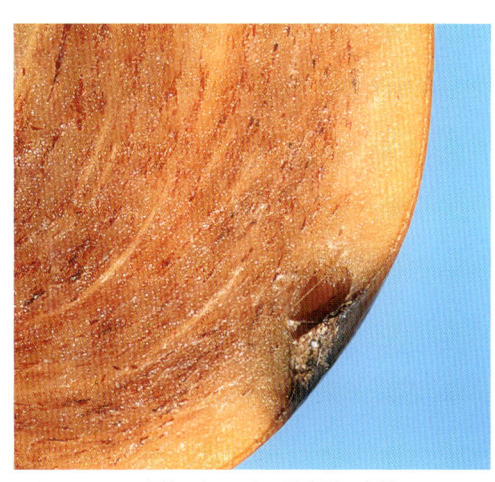

アオマツムシの産卵によるカキの被害果の内部

コオロギと環境 | 83

コオロギ・キリギリス・バッタの仲間　Ⅰ

シバスズの成虫。メス（左）とオス（右）

クマコオロギの成虫（オス）

クチキコオロギ

カネタタキの成虫（オス）

カネタタキの成虫（メス）

里山の昆虫たち

スズムシの成虫（オス）

スズムシの鳴いているオス

スズムシの成虫（メス）

スズムシのオスの背面の誘惑腺

スズムシが鳴いている状態のはね

スズムシの誘惑腺の拡大（中央）

エンマコオロギの前脚脛節の耳（オス）

エンマコオロギのオスの前翅・表（左）と裏（右）

エンマコオロギのオスの前翅の発音器

コオロギと環境 | 85

コオロギ・キリギリス・バッタの仲間 II

マツムシのオスの鳴いている状態

交尾中のマツムシ。メスが上になってオスの誘惑腺をなめている

マツムシのメス

タイワンカンタン

鳴いているクツワムシ（緑色型） 　　　　　　　　　クツワムシのオス（褐色型）

ウマオイ（メス） 　　　　　　　　　　　　　　　オナガササキリ。メスは長い産卵管をもつ

セスジツユムシ（オス） 　　　　　　　　　　　　セスジツユムシ（メス）

クダマキモドキの孵化直後の幼虫 　　　　　　　　クダマキモドキの成虫（メス）

コオロギと環境 | 87

コオロギ・キリギリス・バッタの仲間 III

ヤブキリの成虫（メス）

ヤブキリの幼虫

クビキリギスの幼虫（メス）

クビキリギスの成虫（褐色型）

ショウリョウバッタのメス（褐色型）

ショウリョウバッタの緑色型のメス成虫

ショウリョウバッタの緑色型のオス成虫

オンブバッタの交尾

オンブバッタの幼虫（メス）

トノサマバッタの成虫（褐色型）

トノサマバッタの幼虫（褐色型）

トノサマバッタの幼虫（緑色型）

コオロギと環境 | 89

コオロギ・キリギリス・バッタの仲間　Ⅳ

ツチイナゴの幼虫（多発生時の濃色型）

ツチイナゴの幼虫（平常発生の緑色型）

ツチイナゴの成虫（メス）

ノミバッタ

ケラ

4 すみかと食物をめぐって

アブラゼミを捕えて食べるオオカマキリ

樹液の出るクヌギの木

森の酒場　◆順位を乱さぬ訪問客

　東海地方の，人里に近い丘陵地や低山に見られる雑木林は，虫の豊富な場でもある。クヌギやコナラなど落葉広葉樹で代表される緑が日増しに濃くなるころ，林の中に甘ずっぱい香りが漂い始め，新しい虫の舞台の開場を知らせる。

　甘い香りの正体は，幹の中で冬を越したカミキリムシ類（主役はシロスジカミキリ）の幼虫が，温度の上昇とともに活動を始め，彼らの作った傷口から糖をふくむ樹液がにじみ出し，発酵してくるからだ。近寄ると，木くずが盛り上がるように出ている傷口（樹孔）も見られる。クヌギやコナラ，ヤマナラシ，ヤナギなどがその代表的な植物で，「クヌギ酒場」とか「森の昆虫酒場」とか呼ばれる。酒場を訪れる虫は，梅雨ごろから夏に向かって次第にふえ，ゴキブリやチョウ，ガ，カブトムシ，ハチ，ハエなど多彩である。そして子供たちのアイドル，カブトムシやクワガタ類のシーズンともなると，草むらに踏み分け道さえできるほど，日焼けした訪問者が日参するようになる。

　酒場に集まるのは，森とその付近に住む虫全部ではなくて，熟した，あるいは腐りかけの果物などに集まる習性やヒカゲチョウのように，昼間，やや暗いところでも活動する習性を持った種類に限られる。そのうえ，昼と夜とで顔ぶれの交代も起こる。

　昼は，コムラサキ，ゴマダラチョウなどのチョウ類，スズメバチ類，ハエ類などで代表されるが，日没後はキシタバ，カキバトモエなどのガ類，カブトムシやクワガタ類などに変わる。もっとも，一部には甲虫類のカナブンやヨツボシオオキスイなどのように，昼夜にわたって顔を見せるものもある。

　さらに，チョウ類やガ類のように，傷口からやや離れて吸えるもの，ヨツボシケシキスイのように樹孔内に侵入できるものなど，口の構造や体形の差が，微細ではあるが，利用空間の拡大に役立

ヒラタクワガタとアカタテハ

つようだ。このように、虫の習性や活動時刻および形態的な特性などに差があることは、限られた樹孔を利用する彼らの、競合を避けるための共存的機能のようにみえる。

　しかし、それでも同時的に、共通の場に出現する虫もあって、種類間や個体間に強弱の順位関係が生ずる。たとえば、スズメバチ類は、カナブンやチョウ類よりも優位である。したがって、チョウたちは、後できたスズメバチに追い出されたり、先客のスズメバチの間に割り込むことはむつかしい。優位のハチたちが飛び去るまで待機するか、あるいは劣った樹孔で我慢させられる。

　また、スズメバチ類、カブトムシ、それにクワガタ類などは、同種間でも弱者は樹孔から追い出される。しかし、こうした強弱関係では、相手を追い払うだけで殺すようなことはない。いずれにしても、より強い個体を残すための競争的機能のように見える。

　「森の酒場」をめぐる関係は虫同士だけではない。樹液が出ても、樹勢が衰えにくいといわれるクヌギやコナラなどの植物、それに食い入るカミキリムシ類の幼虫、樹液にくる虫たち、それを捕食するコアシダカグモなど、そこには森の生物間の一連の有機的な関係が成り立ち、ムダのない物質循環のしくみを示唆している。

　このような、樹液を中心とした小さな空間に見られる、虫たちの共存と競争の機能、植物をふくめた合理的なしくみなど、自然の絶妙な配剤には、今さらながら脱帽のほかない。

〈1978年7月22日〉

すみかと食物をめぐって | 93

シロテンハナムグリ

アオカナブン

カブトムシとカナブン

ヒラタクワガタ（オス）

ノコギリクワガタ（オス） 　　ミヤマクワガタのオス（左）とメス 　　ミヤマクワガタ（オス）とムモンホソアシナガバチ

ミヤマクワガタ（オス）とスミナガシ

すみかと食物をめぐって | 95

カブトムシ（オス）とスジクワガタ

カブトムシのオスとメス

カブトムシとヤガ

カブトムシ（オス）とオオスズメバチ

カブトムシ（オス）のおしっこ

キタテハ（上），コムラサキ（中），ゴマダラチョウ（下） 　　ゴマダラチョウ

コムラサキ 　　ヒオドシチョウ

ヒカゲチョウとアブ

すみかと食物をめぐって | 97

キアシナガバチ

ヒメスズメバチとハエ

キアシナガバチとヒメスズメバチ

カナブンを捕えたオオスズメバチ

ハチモドキハナアブ

マイマイカブリとアリ

98　里山の昆虫たち

シロスジカミキリ

シロスジカミキリの交尾

シロスジカミキリの産卵痕

シロスジカミキリの産卵

コナラの樹液

すみかと食物をめぐって | 99

クロマドボタルの幼虫（11月）

秋に光る　◆正体はホタルの幼虫

　虫の音が流れる夜の草むらに，光が点在する情景では，時期はずれのホタルという印象が強かろう。だが，その正体のほとんどは，陸生のクロマドボタルの幼虫がともす光で，彼らが秋でも活動しているあかしなのだ。

　成虫は，6月下旬から現れるが，光が非常に弱くて，ほかのホタルのように話題になることはない。しかし，その黒い半円形の前胸の前部に透明な，いわば窓が左右にあるのは印象的で，この虫の名にぴったりである。

　新しい幼虫が現れるのは，8月からだが，実は幼虫期間が長くて約2年だから，年間のほとんどは，1年幼虫と2年幼虫が混在することになる。明かりにも大小があるのは，そのためだ。幼虫は，成虫とは似ても似つかぬ不気味な形で，その発光器は，腹部の末端近くの第8節にある。

　彼らのおもなすみかは，林の中やへりの，地面には落ち葉もある，割合湿った草むらで，幼虫の

えさとなるカタツムリなどの陸生貝類の生息地でもある。

　ところで，幼虫の獲物処理法はかなり特異的だ。まず，カタツムリの触角，いわゆる角が殻の外に出始めると，殻につかまって待機していた幼虫は，目にも止まらぬ早業で，鋭い大あごによる一撃を与える。この場合，ねらわれるのは，カタツムリの角の付け根にある脳付近のようだ。これが単なる機械的な衝撃か，あるいは麻酔成分などの注射を伴うのか不明だが，攻撃されたカタツムリはもはや殻の奥深くまで体を縮めることはない。これは，一撃で成功することが多いようだ。

　次に，このように動きの止まった獲物に対して，幼虫は消化液を分泌しつつ，体外消化という方法で栄養を取り込む。カタツムリが大きいと，それを平らげるのに1週間もかかることがある。

　当然，幼虫の活動が最も盛んな季節は，カタツムリやナメクジ類も横行する梅雨時だ。そして，

クロマドボタルのすむ環境（三重県津市小丹神社）

日中は落ち葉の下や草の根もとなどに潜むが，夜間は活発となる。また，活動空間は地上付近にとどまらず，高さ2m程度の木の上にも及び，胸と腹端の足を使ってシャクトリムシのように歩くから，その光は揺れて見える。

卵，幼虫，蛹（さなぎ），成虫のすべてが光るが，最も強いのは幼虫の明滅しない緑色の光である。

先にふれたように，幼虫は年中いるわけだが，その発光期間は，三重県津市付近では3月下旬から12月中までが普通である。もちろん，この期間は年によって変わるし，また発光シーズンの初期や終わりのころは，光る日と光らぬ日といった，日による変動もはげしい。これは発光活動が温度や湿度などに左右されるためだ。

こうした活動ができるぎりぎりの環境条件はまだ不明だが，百葉箱内の21時の値（一般に草むらよりも低い）からみると，早春の場合，曇り，小雨あるいは雨上がりで風もなく，湿度90%以上の夜では，気温が5.1℃や6.3℃でも地上付近で発光が，さらに13℃では，草のうえを発光しながら歩く行動も認められている。したがって，気圧の谷の接近で今にも泣き出しそうな夜あたりから，その通過後，北西風が吹き出すまでは，晩秋や初冬でも彼らが明かりをつける可能性がある。

成虫のホタルの発光が，配偶行動に重要な役割を演ずることは知られているが，こうした幼虫の発光，それもこの種類のように，成虫よりも強力な発光がどのような生物学的意味をもつのか，まだナゾに包まれている。

〈1978年10月14日〉

すみかと食物をめぐって

クロマドボタルの成虫（オス）

陸生の貝ウスカワマイマイに体を突っ込んで食べているクロマドボタルの幼虫（11月下旬）

ウスカワマイマイの殻の中に潜り込んだクロマドボタルの幼虫（8月上旬）

クロマドボタルの幼虫の側面。頭部は胸に隠れている

クロマドボタルの幼虫の腹面

クロマドボタルの幼虫の発光器。右端の腹部末端節に近い白い節（第8節）にある

すみかと食物をめぐって

ヘイケボタルとゲンジボタル

ヘイケボタルの成虫。オス（右）とメス（左）

ヘイケボタル（オス）の体の末端にある発光器

ヘイケボタルの生息する水田（三重県津市内）

ヘイケボタルの卵

ヘイケボタルの幼虫

蛹になるため水田より上陸するヘイケボタルの老熟幼虫

ヘイケボタルの蛹

104 ｜ 里山の昆虫たち

オオカマキリのおどし

度撮影によると2
体も前進するので
させ，運動量に見
がって，捕獲行動
距離，とくに有効
れをとっさにや
を背景とした，

　ところで，束
もなすみかは，
オカマキリはサ
カマキリは庭木
うように，種類
　彼らがそれぞ
成員として，
数の平衡維持
他方では，彼
たとえば，卵
ゴカツオブシ

ゲンジボタルの生息する清流

発光中のゲンジボタルのメス

アオグロハシリグモに捕えられたゲンジボタルの成虫

すみかと食物をめぐって | 105

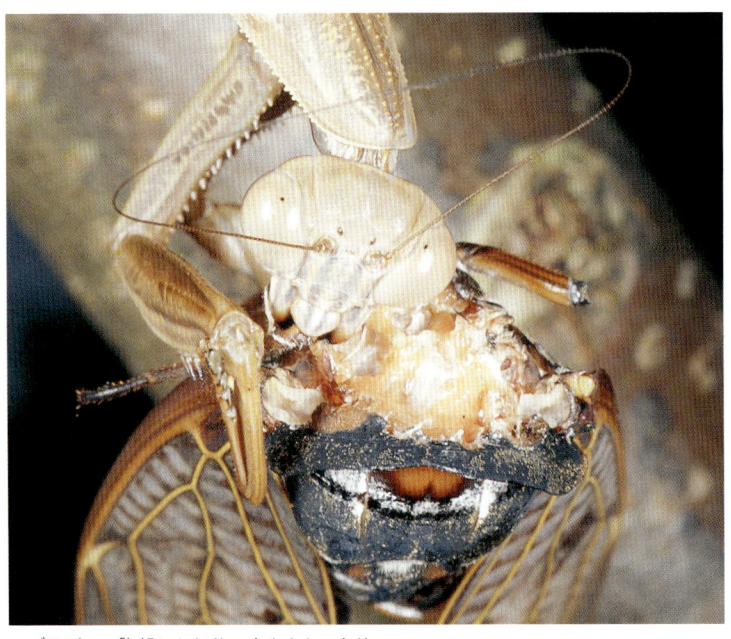

アブラゼミの胸部にかじりつくオオカマキリ

オオカマキリ成虫（メス）の前脚

オオカマキリの前脚の鎌と表面のブラシ

上面から見たオオカマキリの前脚のブラシ

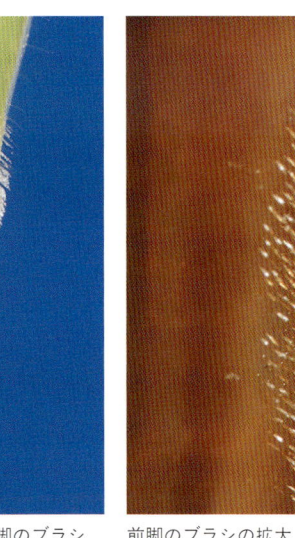

前脚のブラシの拡大

オオカマキリ幼虫（1齢）

オオカマキリの産卵

108 　里山の昆虫たち

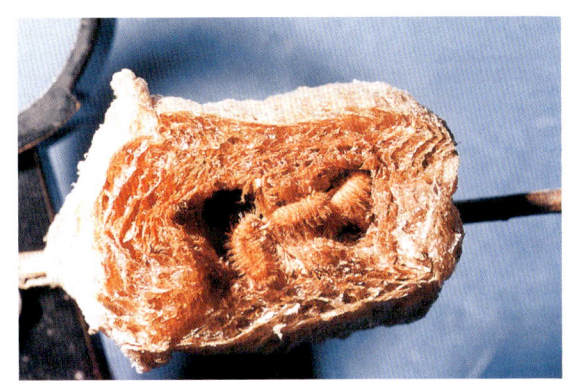

カマキリタマゴカツオブシムシに食い尽くされた
オオカマキリの卵

クヌギの樹孔でオオスズメバチの働きバチを捕えた
ハラビロカマキリ

前脚の鎌を掃除するハラビロカマキリ

樹上のヒメカマキリの成虫（メス）

チョウセンカマキリの交尾

地上のヒナカマキリ

地上のコカマキリ

すみかと食物をめぐって | 109

スギの葉に寄生したスギマルカイガラムシ

道端でふえるスギマルカイガラムシ

　近ごろは減ったが，以前は車が通るたびに土煙が舞い上がり，目も口も開けられないような道がいたるところにあった。こうした，一見して虫もすめそうにないほこりだらけの道端で，むしろ勢力をのばす手合いがいるから驚く。スギやヒノキなど，針葉樹類の樹液を吸って生活するスギマルカイガラムシもその一員だ。

　カイガラムシ類は庭木などの害虫としてよく知られているが，この虫は最大の雌成虫のカイガラでも，約2mmの長さに過ぎないし，また普通見かけるのは，はねも足もない，虫らしくない姿だから見逃されやすい。

　彼らは，東海地方では年3回の発生だが，その一生はほかの多くのカイガラムシ同様，風変わりなところがある。たとえば，ふ化したばかりの幼虫だけは，とくに"歩行幼虫"と呼ばれて歩けるが，間もなく植物体に固着して，腹部背面の腺から分泌された，同心円的なカイガラでおおわれ，動かぬ姿となる。雌では，こうした状態で蛹の時期もなしに，はねもない成虫となり，産卵を終わる。ところが雄は蛹，成虫と完全変態の過程をたどり，そのうえ飛ぶはねも備えている。

　そして，雌では未成熟の成虫で，雄では幼虫と蛹の中間の前蛹で冬を越すのが普通とされている。どちらも植物体に付着したままだから，寒さに暴露された状態で厳しい季節を過ごすわけだ。

　ところで，道に面したスギ林でカイガラをつけた虫の分布を調べた結果では，とくに舗装されていない道端の発生量が最も多く，それから遠ざかるにつれて急減する傾向が三重，静岡両県下で認められている。たとえば，津市付近で調べたところ，20cmの枝1本当たりの虫の数は，4m内部の約7頭に対し，道端は約16頭で2倍以上であった。また，道端の同じ1本の木でも，道路側へのびた枝はその反対側の枝に比べ，また下層の枝は中層や上層の枝にくらべ，それぞれ発生量が多

アラカシの葉上のトビイロマルカイガラムシの成虫と1齢幼虫

かった。

　ところが、道路の舗装後約1年で、道端の虫の数が18分の1に減少した。そして、どの場合も虫の多い場所（時）には、土粒を主体とするほこりの量も多いことが見られた。

　いったい、この虫とほこりがどんな関係を持つのか未知の点が多いが、奇妙なことに、ほこりっぽいところで育った雌は、産卵数が多かった（たとえば、道端の雌1頭当たり約57卵に対して、10mほど内部のものでは約30卵）。これは、ほこりをかぶったスギの生理的変化が、栄養を通して雌の産卵能力を高めた、という間接的な作用と考えられている。さらに、ほこりの多いところでは、この虫の天敵、ヒメアカホシテントウ（テントウ虫の一種）の数や活動が抑えられるため、犠牲が少なくてすむ効果も加わるようだ。つまり、ほこりっぽい道端では、多く生まれたうえに、消耗も少ないことが虫の高密度維持のおもな要因となっているらしい。

　そのほか、この雌成虫は動けないが、ふ化したばかりの歩行幼虫は1mm以下と微小なため、"空中プランクトン"として風や自動車で運ばれて発生源となる可能性がある。だから、それらの到着する機会が道端に多いことも、ここでの虫の勢力維持に役立っていると推定されている。

　この虫は、針葉樹類の害虫としてだけでなく、一生の大部分を植物体に固着して、しかも樹液を吸収し続けるという特殊な生活様式だから、直接、間接に生息環境の影響を受けやすい点で、「環境指標生物」としても注目されている。さて、お宅の周辺のスギでは、いかがであろうか。

〈1978年11月4日〉

すみかと食物をめぐって | 111

ツタの葉のカメノコロウムシの成虫

モチノキの枝上のカメノコロウムシの成虫

モチノキの葉上のカメノコロウムシの2齢幼虫

ナワシログミに寄生したカメノコロウムシとその排せつ物によるスス病

都市のカイガラムシ ◆汚染にも強く林縁などに生息

　自然を改変して人為的につくられた都市の環境は、虫たちにとって厳しい試練の場となる。多くの虫は後退を余儀なくされるが、一方、潜在能力を顕在化して居残る虫や、新たに侵入・定着する虫もあって、種の交代が起こり、都市型の昆虫相へと移行する。その特色の一つは、構成種が少ないうえに特定種の数が多い、といった単純な様相である。この傾向は、虫に限らず、ほかの動物や植物でも同様で、結局、都市環境下では生物相全体が単純化し、特定の種の大発生が起こりやすくなると考えられる。

　庭木や街路樹などの害虫でおなじみのカイガラムシ、そのほとんどは一生の大部分を植物に固着したままで送る生活様式だから、周囲の環境に暴露され続ける宿命を持っている。それにもかかわらず、都市環境の下でしたたかに生き続けている種類もある。ここでは、その2、3について、異質な環境の境界面における発生の様相を取り上げてみよう。

　まず、林のふち（林縁）とのかかわりを、三重県津市の津八幡宮の森について眺めてみよう。この森は、住宅に囲まれた1.4haほどの常緑広葉樹林で、ヤブニッケイ、ヤブツバキ、アラカシなどで代表されている。ここには27種のカイガラムシがいたが、都市型カイガラムシの一員といわれるカメノコロウムシだけは、なぜか交通量の多い道に接した西側の林縁に、それも道に面した枝や葉に集中的な寄生を見せた。そしてこの状態は伐採されるまでの7年も続いた。

　この虫の幼虫は、相対的に明るい葉面付近に、また雌成虫は、やや暗い内側の枝などにそれぞれ寄生する傾向があるので、そうした生活様式と林内と林外の境の面にできる、照度や気温のミクロな変化とがよく対応する結果、このような分布になるらしい。これを別の見方をすると、この虫を林縁で食い止めて林内に侵入させない、森の機能が働いているともいえよう。

　次は、人工的な境界面とのかかわりを、愛知県豊橋市の市街地にある愛知大学の生け垣を例として考えてみよう。この大学のキャンパスには、西

ヒモワタカイガラムシの細長い卵のう 　　ヒサカキの枝のルビーロウムシとスス病 　　サザンカの枝のツノロウムシ

オオワラジカイガラムシのメス成虫

側の国道259号と名鉄渥美線の駅ホームや線路に沿って、高さ約2mのサンゴジュが約50mにわたって植えられている。この生け垣に1982年以来、ワタカタカイガラムシの一種（新種で学名は未定）の寄生が見られ、しかも84年から87年にかけては年ごとにふえ、1m²当たりの卵囊の数で約5倍に達した。

　生け垣には、カイガラムシの共生者としてトビイロケアリが、また有力な天敵としてカイガラムシの卵を食べるフタホシテントウの幼虫がいたが、後者は今のところ、カイガラムシの数を安定させるほど機能していないことを示した。

　そしてこのカイガラムシの生息部位は、前のカメノコロウムシと同様に、外部に面した生け垣の、薄い層の枝や葉に限られるという特性を示した。生け垣の奥行きは、せいぜい60cmほどなのに、である。この理由は、まだわからないが、結果的にはこの生け垣にもまた、カイガラムシの侵入阻止機構が働くということである。

　ところで、サンゴジュのこの層は、肉眼でもわかるほどの汚れが目立った。愛知大学の石津明右さんの測定によると、約1年間に葉面に残留した汚染物質の量は、1cm²当たり、風乾重で1.21mg、灼熱後の重量で0.96mgであった。これは正常と思われる地点の葉に比べ、それぞれ18倍、22倍に達した。

　この汚染は、国道を走る、1日2万台以上と推定される自動車類や、1日に100本以上発着する電車に起因すると考えられている。都市の樹木の汚染は、ふ化直後のカイガラムシ幼虫（とくに歩行幼虫と呼ばれる）に対して、むしろ固着しやすくさせる作用があるといわれているから、前記の汚染も、生け垣の生活者には直接役立つ可能性が考えられる。

　最後に、以上のような境界面を持たない例として、三重県四日市市の裏通りにある0.2haの小公園の場合を示そう。この園内の植物は、まばらに植えられたケヤキ・サザンカなどが、まだ枝葉を接しないで独立的に生育している状況にあった。園内における、典型的な都市型カイガラムシ3種の発生動向は、開設（1976年）の2年後にカメノコロウムシとツノロウムシの2種、3年後にルビーロウムシも侵入して全種がそろい、次いで各種ともに寄生木での密度上昇と同時に、寄生木数や寄生樹種の増加を生じて、次第に園内に分布を拡大していくというものであった。

　以上はほんの一例だが、それでも異質な環境が触れ合っている境界面におけるカイガラムシの挙動から、都市環境に生きるしくみの一面がうかがえる。それはまた、林縁や生け垣の役割を考えるうえでも役立つはずである。

〈1987年6月21日〉

ハルゼミが生息するアカマツ林

オスの腹部の発音器

オスの腹部内の発音筋

松林の住人ハルゼミ ◆里山の指標昆虫

　ハルゼミは，アカマツやクロマツのある里山に生息し，マツゼミとも呼ばれ，サクラの花の散ったころから麦秋にかけて出現する。ギィーギィーというしわがれた鳴き声で，1頭が鳴き出すと，その近くから同じような鳴き声が次々とわき起こり，やがて，松林全体が大合唱につつまれる。

　三重県では各地のマツ林に普遍的に分布し，生息密度も高く，環境庁の「第2回自然環境保全基礎調査」によると，生息数の「多い」県とされている。

　幼虫はマツの根付近に巣穴をつくって土中で生活し，長い口吻で樹液を吸って成長し，幼虫期は3-4年と推定されている。その前脚は太くて土を掘るのに適した形をしている。1988-89年に，津市片田や四日市市小山町などで，幼虫の発掘調査が行われ，マツの根付近で生活する各齢期の幼虫が発見されて，ふだん目にすることのできないその生活の一端が明らかになった。

鳴いているハルゼミのオス

アカマツの地下部を掘ってハルゼミの幼虫を探している

羽化したばかりのメス

メスの腹端の産卵管（約 9 mm）

土中のマツの根の付近の幼虫（4齢？）とその部屋

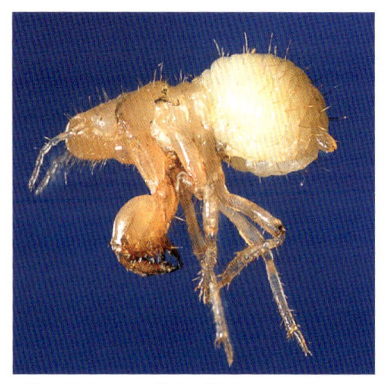

マツの根の終齢幼虫（オス）

3齢と見なされる幼虫（体長 4.8 mm）

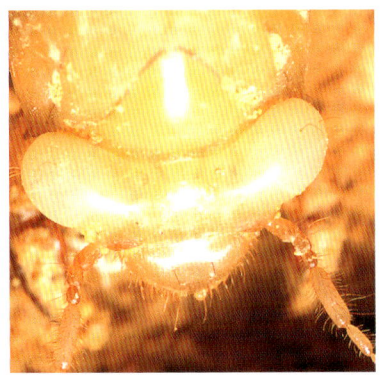

終齢幼虫の頭部（背面）

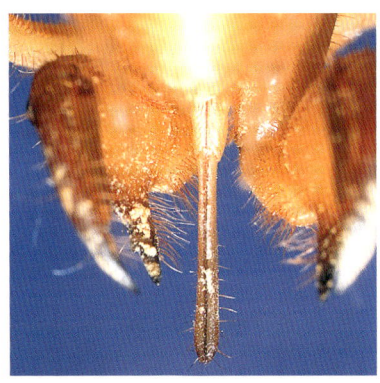

正面からみた終齢幼虫（オス）の口吻

終齢幼虫の前脚

羽化のために地上に出て体を固定した幼虫

羽化中の水々しい個体

羽化殻にとまって翅をのばしている

すみかと食物をめぐって

セミの仲間とセミ茸 Ⅰ

ヒメハルゼミ（メス）

エゾハルゼミ（オス）

ニイニイゼミの幼虫の地表の塔と脱殻

ニイニイゼミ

ツクツクボウシ（メス）

ニイニイゼミの木の幹上の脱殻

ツクツクボウシの交尾

ツクツクボウシの脱殻（オス）

里山の昆虫たち

アブラゼミの幼虫の脱殻

アブラゼミの交尾

羽化直後のクマゼミ

鳴いているクマゼミ

クマゼミの産卵痕（ナシ）

クマゼミの幼虫の脱殻

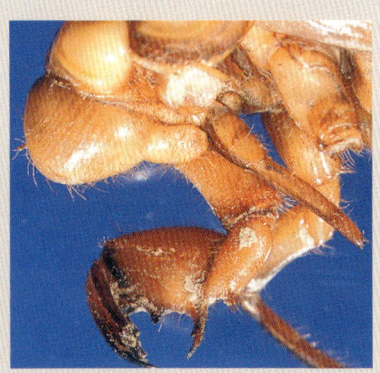

クマゼミの終齢幼虫（オス）の頭部と前脚

すみかと食物をめぐって

セミの仲間とセミ茸　II

ツクツクボウシの幼虫に寄生するツクツクボウシタケ

ニイニイゼミの幼虫に寄生するニイニイゼミタケの地上部

ツクツクボウシタケの地上部

ニイニイゼミの幼虫に寄生するニイニイゼミタケ

ハルゼミ幼虫に寄生したツブノセミタケ

アブラゼミ成虫（オス）に寄生したセミハリセンボン

セミハリセンボンに寄生されたアブラゼミ（オス）の肛門

5 冬を越す

羽化直後のナナホシテントウ

建物の側のネズミモチに群がるウリハムシ

庭木に群がるウリハムシ ◆秋の訪問者

　毎年秋になると，季節の定期便のように，いつもの庭木を訪れる虫がある。背面がつやのある橙黄色(とう こう)の甲虫，ウリハムシ（一名，ウリバエ）で，そういえばわが家の庭にも，とうなずかれる方も多いだろう。

　東海地方でのこの虫の一年は，成虫で冬を越し，地下生活の幼虫を経て，7月下旬ごろから新しい成虫になる。この新成虫が，秋の深まりとともに越冬場所へ移る過程で，その一部が身近な訪問者となるわけだ。

　ウリハムシのおもな食物は，野生のカラスウリや畑のスイカ，カボチャなど，ウリ科植物の葉(成虫)や根(幼虫)で，これらで育った虫の来訪だから，旅の距離はいろいろだが，数百m以内のことが多い。

　彼らの訪問先の特色は，移動ルート上にある。明るい色の建物の南面か南東面で，陽光，とくに午前中の日を浴びやすい場所にある低木ということになる。自然界では，がけや山の斜面にある植物がそうした対象になることが多い。

　こうした訪問者がたどる季節的経過の一例として建物の南側に植えられたキミガヨランで調べた結果を示すと【図】のようになる。場所は津市の三重大学農学部である。第一便到着は9月2日だが，本格化するのは9月下旬で，以後10月下旬までの約1カ月間は，400から800頭の多数の虫が滞在する。その後は次第に越冬場所(落ち葉の下，雑草の根元など)へ移るため漸減して，12月18日には植物上から姿を消している。

　この虫が植物へ到着する過程は，そこから離れるのがゆっくり減ってゆくのに比べて，急激的なことが目立つ。これは，集団飛来現象が起こるためで，9月27日の約400頭と同28日の約200頭の二波は，これを示している。両日とも移動性高気圧におおわれた，おだやかな秋晴れで，こうした現象が起こる典型的な気象条件であった。顕著

120　里山の昆虫たち

ネズミモチの葉裏のウリハムシの群れ

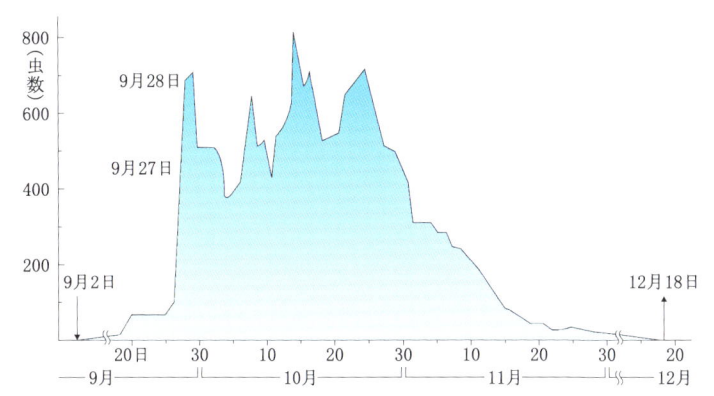

図：キミガヨランの葉に集まるウリハムシの季節変化

な飛来は，午前中に起こるのが普通だ。

ところで，彼らが集まる庭木はイヌマキ，カナメモチ，センダン，サツキ類，ネズミモチ，キミガヨランなどさまざまだが，どれもえさでもないのに葉の裏側の表皮が薄くかじられ，その跡も残る。

また，葉の裏側へ集まる傾向があるが，これは植物体としての裏面を選ぶのではなくて，相対的に明るさを避ける行動のためらしい。たとえば，夜間では，懐中電灯の弱い光でさえ避ける行動をとる。

同じ新しい成虫が，まだウリ科植物にいるころ，太陽の光を浴びながら，葉の表面で活動していることに比べると，明るさに対する反応が逆転したように見える。新成虫は，翌年初夏まで約10カ月も生き続けるわけだが，冬は成虫休眠の状態で過ごすことが知られている。このような習性の変化は，休眠ホルモンの支配によると考えられる。こうして，太陽の直射による体力の消耗を避けることは，貯蔵エネルギーだけで過ごすこの時期の虫にとって，意味深いものがある。

いずれにしても，ウリハムシの秋の訪問は，冬を生きぬくために見せる，彼らのしぐさのひとコマなのだ。しかし，翌春，気温が10℃になるころ，帰りの旅につける虫は，ほんのわずかしかない。

〈1978年9月16日〉

あぜ道の草むらで集団越冬するカミナリハムシ（2月）

カミナリハムシのあぜ道の集団　◆集団で寒さを防ぐ

　あぜ道は，水田付近にすむ虫たちにも，いろいろな役割を果たしている。ここで冬越しをする虫のいることも，その一例である。

　冬のあぜ道は，枯れ草一色の寒々とした光景だが，株元には案外生気があって，その辺りにはうごめく虫の姿を見ることが少なくない。しかし，甲虫類の一種である，カミナリハムシほどの大集団となるものは，なさそうだ。

　この虫は年1回の発生で，冬を越した成虫の産卵は，6月下旬から始まり，それから育った新成虫が8月ごろから現れ，秋からこうした動きを示すようになる。

　その幼虫も成虫も，湿地に多いチョウジタデ（名前と違い，タデ類ではなくてアカバナ科の植物）が食草だから，彼らの活動舞台は水田付近が中心となる。光沢のある青藍色の成虫も，足の密毛の作用で軽く水上歩行をやってのけるほど，水辺に適応したしくみを備えている。

　秋も半ばになると，彼らはあぜ道に集まり出すが，まだ体を寄せ合うほどではなくて，比較的狭い範囲の草むらの表面で，ばらばらに行動している程度である。

　しかし，その後気温が下がるにつれて，この集団は次第に密集状態へ移行する。こうした集団の規模はさまざまだが，1965年12月，三重県津市北端の丘陵地にある農業用のため池をめぐるあぜ道で調べた結果は，次のようであった。池の東側のあぜ道では，25m間に13集団，合計13000頭余が，また西側では10cm間隔で2集団，合計2000頭余が見られ，一集団の規模は50頭から約3600頭にわたり，1000頭以上のものが7集団もあって，平均1集団当たり約1000頭に達した。

　こうした集団の由来は，成虫が少なくとも300mも飛ぶことや，この池とそれを取り巻く水田が地形的に隔離されていて，そのうえ，他のあぜ道では一群の成虫も発見できなかったことから，こ

里山の昆虫たち

越冬後，分散の始まったカミナリハムシの群れ

カミナリハムシの交尾

の谷田地帯で育ったほとんどの成虫が，ここに飛来した結果と確定された。そして，翌年の夏には，ここからの帰りも実証されて，これを裏付けた。

こうした集団の多くは，チガヤやネザサなどの株元で形成され，その上部は数十cmの枯れ草であらくおおわれてはいたが，木枯らしや雨などには，さらされる状態であった。しかし，低温時には，成虫がびっしりかたまって立体的な集団をつくるため，日中の集団内部の温度は，外気に比べて真冬でも曇天で平均1.5℃，晴天で2-3℃高く保たれた。さらに，季節によっても，1日のうちでも，日射量や気温の上昇，下降で群れがほぐれたり，緊密化するという過程が繰り返された。

これは，個々の成虫が体温に応じて行動した結果だが，集団全体としての温度調節の機能とも受け取れよう。そして，その保温量や調節量は，瞬間的には微弱だけれども，初冬から春にまでわたる長期に及ぶことも考えると，こうした集団の機能は，小さな草むらの中という，厳しい条件下の越冬だけに意味深いものがあるように思われる。

ところで，成虫は体温約3℃以上なら歩けるのに，それ以上の温度，たとえば気温10-15℃でも密集状態を保っていることは，低温で動けないのではなくて，この虫自身が集合する性質を持つことを示している。これは，雌の卵巣発育の停止にも関連した，休眠ホルモンの支配によると考えられている。

ともあれ，あぜ道に群れる彼らは，集団による越冬戦略の一つの型を示しているとみてよかろう。

〈1978年11月11日〉

クサギカメムシなどとともに集団越冬するナミテントウ

ナミテントウの集団越冬　◆越冬地へ集団で移動

　わが国に分布する約100種のテントウムシ類のうち，ナミテントウ（ナミは並で，普通の意味）あるいは単にテントウムシと呼ばれる種類は，身近にもすみ，色彩もあざやかで，そのうえ幼虫も成虫もアブラムシ（アリマキ）類を食べる天敵でもあることから，最も親しまれている。

　その成虫は，紅葉の映えるころには越冬地へ，春にはそこから帰る旅をすることでも有名だ。彼らの姿は，森や畑，草むら，庭木など，いたるところで見かけるが，こうした旅が目立つのは，そのすみかが広い山地である。

　三重県中部の伊勢平野を流れる雲出川源流の山奥にある，三重大学の平倉演習林でも，豊かな自然を象徴するように，毎年こうした季節のドラマが展開される。

　ここでは，春から秋までに3-4回の発生が見られるが，そのうち最後の世代の成虫が10月下旬から11月中旬にわたって，秋の旅に出る。そのころ，移動性高気圧の去来にともなって，数日おきに訪れる小春日和の日にそれが顕著だ。こんな日の午前10時ごろから旅が始まり，気温が上がるにつれて虫の数もふえ，正午ごろをピークにその後は減って午後3時ごろ終わるのが普通だ。そして，太陽が雲に入ると，すぐに飛ぶ数が減るほど照度の変化にも敏感で，いかにもおてんとうさまの虫らしい。

　したがって，旅の群れの規模は，日による変動が大きくて波状的に変わる。たとえば，3 m²の白い板に飛来した数で見ると，1967年の場合，旅のシーズン全体では約2000頭に達したが，1日当たり100頭以上（最高は約800頭）の日が4日もあり，それだけで全体の約94％を占め，集団移動現象を見せた。

　彼らが樹上など，それまでのすみかを飛び立つときはばらばらでも，飛ぶ方向や高さが共通なため，こうした濃密な集団となるわけだ。

124　里山の昆虫たち

三重県湯の山温泉のロープウェイの駅舎内での
ナミテントウの越冬集団

越冬後分散して交尾するナミテントウ

　この山地における旅の代表的なコースは，山から谷まで下り，さらに水面上2-3mを谷に沿って下流に飛び，そして午後の太陽を浴びた，明るい岩はだの出たがけなどを終着地とするもので，飛行距離は数kmに及ぶことさえある。

　終着地に着いた虫は，やがて岩の割れ目などの越冬場所へ入り込むのだが，群れが何波も到着するので，内部の越冬集団は，数千頭にふくれ上がることもある。そして，こうした空間は温度変化の少ないのが特色で，初冬の一例では外気の日変化の約8℃に対して，内部は2℃以下に過ぎなかった。

　ところで，旅立ちする虫は，他の世代のものとはかなり違った性質の持ち主である。たとえば，白色のような明るい反射光に誘引されたり，互いに体を接して，かたまる習性などだ。これらは，脂肪の蓄積，卵巣の発育停止，耐寒性の増加などの生理的特性とともに，休眠ホルモンの支配によると考えられている。つまり，晩秋には旅を運命づけられた虫となり，気象条件が旅立ちを促すというしくみ。

　彼らが終着地として，相対的に明るいがけを選ぶのも，こうした特有の性質の現れだが，毎年ルートやシーズンなど旅の条件が決まっているため，終着地も固定される傾向がある。

　いずれにしても，冬を前に山を下り，しかも温度変化の少ない場所で冬を過ごすうえで，この旅は重要な役割を演ずるわけだが，耐寒性と穏やかな環境選択の両面から対応するこの虫の越冬戦略は，お見事としか言いようがない。

　初霜を見るころになると，日ごろの視界から消え去る虫が多いが，その中には，この虫のように旅立ったものがかなりあるはずである。

〈1978年10月28日〉

日だまりを求めて集まったナナホシテントウの蛹（さなぎ）の集団

日なたを求めるナナホシテントウ　◆発育に必要な温度

　多くの虫が身を潜める冬でも活動態勢にある一群の虫がいる。変温動物の彼らには，活動可能なレベルにまで体温を上げることが，前提条件となるが，多くの虫は，それを日なたぼっこで演じて見せる。はねに7個の黒点がある，ナナホシテントウもそうだ。

　このテントウムシの冬越しは，結局は成虫だが，秋の終わりでもまだ幼虫，前蛹（ぜんよう），蛹（さなぎ）が混在し，それらの多くが冬に入っても成虫にまで発育を続ける。もちろん，そうした発育にも，外部から熱の供給が必要になる。

　このような混在集団は，もう秋のうちから日なた指向の傾向を見せ始める。たとえば，東西に走るダイコンのうね1本を南側，中央部，北側に分けて虫を調べた結果は次のようになった。この場合，南北両側は，高さ20 cmのうねの斜面で，中央部はダイコンの生えている幅30 cmの部分で

ある。全体として見ると，日当たりのよい南側に最も多く（75%），次いで中央部（25%）で，日陰の北側には全くすんでいない。

　この傾向は，歩行できる幼虫や成虫よりも，頭を下にして腹端を固着した，歩けない状態の前蛹（ぜんよう）や蛹（さなぎ）などで著しく，約88%が南側に偏在した。そして，さらに季節が進むと，彼らの生息域は南側に限られるようになる。

　こうした特定方位への指向性は円形の舞台でもっとはっきりする。たとえば，ダイコン畑の中央にある，直径90 cmの丸井戸のコンクリート枠に定着した前蛹（ぜんよう）と蛹（さなぎ）は，両者の合計38頭の全部が南東から南までの面に集中するのが見られた。さらに，地上に10 cm露出したダイコンの上でさえも，彼らはその南面に集中した。

　このような日なた指向は，それに先立つ老熟幼虫の行動の結果にほかならない。先にあげた丸井

蛹（さなぎ）になるために日当たりに集まった
ナナホシテントウの老熟幼虫

日当たりに集まったナナホシテントウの羽化直後の成虫

大根の日当たりの部分で蛹（さなぎ）になるナナホシテントウ

戸枠の場合，彼らが集中した面は，秋から冬にわたって，1日の日射が最も多い部分に当たる。12月中旬，快晴日の正午ごろの一例では，反対条件にある日陰の北西面に比べて，南東一南面は，表面温度が約13℃ 高く，照度が約10倍であった。老熟幼虫の蛹になる場所への移動は，この時刻ごろに多いので，おそらく彼らがこうした相対的な高照度と高温を選ぶと考えられる。また，東西のうねの場合，前蛹や蛹が南側に集中するのも，同様の機構によると思われる。

こうして日なたに出た結果，彼らが出合う環境の一例をあげると，記録的な寒波が襲来した1976年12月下旬でも，晴れた正午ごろのうねの南側では，地表温度は北側よりも約14℃ 高い約16℃，照度も約8倍の12万ルクスに達した。したがって，日射による直接の体温上昇も加わって，蛹の体温は20℃ 近かった。こうした条件は，体も固定され，しかも裸状態の前蛹（ぜんよう）や蛹（さなぎ）の冬の発育に，大きく役立つはずである。

人間からみると，ダイコン畑のうねなどは，たったひとまたぎの空間に過ぎないが，体長約6 mmの蛹（さなぎ）からすれば，たとえ20 cmの高さのうねでも，体長の33倍で，丘にも相当するだろう。それだけに，わずかな土地の起伏などでできる複雑な微細環境こそが，彼らの生活に密着した環境であり，さらにそれを選択することで，彼らは生き抜いているように見える。小さな虫に対する，こうした微細環境の重要性を，冬を迎えたテントウムシの日なた指向が物語っているようだ。

〈1978年11月18日〉

冬越し中の昆虫たち　◆成虫

竹ヤブの枯れ葉の間のクビキリギス

日だまりのツチイナゴ

ヒノキ林の枯れ葉の中のチャバネアオカメムシ

枯れ葉の下のモンキツノカメムシ

ツバキに集団をつくるオオキンカメムシ

枯れ枝に体を密着して冬を越すタテジマカミキリ

マツの樹幹上のウバタマムシ

マツの樹皮下のウバタマコメツキ

ヒサカキの葉かげで雪を避けるウラギンシジミ

山小屋の天井裏のアカタテハ

山小屋の天井裏のフクラスズメ

ミカンの葉かげのアケビコノハ

朽木の中のキイロスズメバチ

冬の雑木林

冬を越す | 129

冬越し中の昆虫たち ◆卵

オオカマキリ

コカマキリ

ハラビロカマキリ

クリオオアブラムシ
クリの幹上に越冬卵を産むメスとその卵

クリオオアブラムシの越冬卵がクリの幹（中央）の北側に数mにわたって産みつけられている

マサキの枝に産みつけられたミノウスバの卵塊

コナラの枝に産みつけられたヤママユガの卵

ツバキの葉裏のチャドクガの卵塊

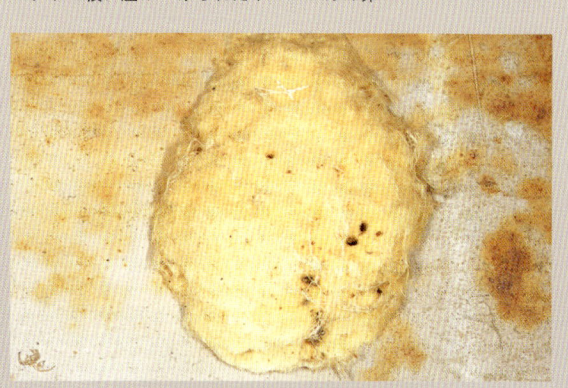

コンクリート壁に産みつけられたマイマイガの卵塊

冬越し中の昆虫たち ◆幼虫

朽木のくぼみのヨコヅナサシガメ

朽木内のコクワガタ

堆肥内のカブトムシ

生きたミカンの幹内のゴマダラカミキリ

エノキの株元の葉裏のゴマダラチョウ

パンジーの葉裏のツマグロヒョウモンの若齢幼虫

カタバミの株元のヤマトシジミ終齢幼虫

池の水底のシオカラトンボ

池の水底のショウジョウトンボ

冬越し中の昆虫たち ◆蛹(さなぎ)

枯れ枝のジャコウアゲハ

キャベツの葉裏のモンシロチョウ

スギの枝のクロアゲハ（緑色型）

カキの枝上のイラガのまゆ

ネズミモチの葉につくられたマエアカスカシノメイガのまゆの中の蛹(さなぎ)

132 ｜ 里山の昆虫たち

6 わが庭の住人たち

著者は，1969年に津市郊外から津駅に近い上浜町の住宅地に移り住んだ。周囲には，雑木林や池があり，とくに歩いて2〜3分の距離に広がるクヌギ，アラカシ，シイなどの雑木林は昆虫観察には絶好のフィールドとなった。庭にはハッサク，ユズ，サザンカ，マユミ，ウメ，ホルトノキなどを植え，これを食樹とするさまざまな昆虫が訪れた。

庭先で休むキタテハ（夏型）

三角形をしたスジオビヒメハマキの成虫（オス）の静止の姿。頭部は左の端にある

スジオビヒメハマキ　◆幼虫のすみかはホルトノキの巻き葉

　ホルトノキは暖帯林南部に自然分布し，三重県内では伊勢市以南に見られる。スジオビヒメハマキはホルトノキ科のホルトノキやコバンモチを幼虫が食べる。最近ホルトノキは緑化木として本来の分布域をはるかに越えた北の地方都市でも植栽されるようになり，それにともなってスジオビヒメハマキの発生域も拡大している。1988年にこのハマキガの観察のため，ホルトノキを植え，以後毎年発生がみられるようになった。

　この虫は産卵は若い葉に行い，1-3齢幼虫は，若い葉の中央脈および新梢を，さらに4,5齢幼虫，前蛹および蛹は，4齢幼虫が作った巻葉の内部を，それぞれ食と住の場としていること，そしてこれらは互いに近接している。そのため，生活史の大部分は植物体の狭い範囲で達成が可能である。このように，植物組織内や巻葉内で生活史を完成する様式は，天敵，気象，大気質など外界要因への対応上有効であろう。

　このうち巻葉は，4齢幼虫の巧妙な行動により，葉の中央脈の維管束系などを温存した状態で作られ，生葉としての機能が維持される。その内部温度は，夏・冬とも，太陽輻射によって気温よりも上昇するが，それがない場合は気温と近似的となり，さらに冬季の日出前では，気温よりも低下することもある。

　津付近では，年5世代の発生を繰り返し，第5世代幼虫（4,5齢）が徐々に発育しながら越冬する。このガはホルトノキの葉を巻いてまゆをつくるが，自分の排泄した糞をていねいに綴り合わせてまゆを囲う。巻葉の中に綴られた糞のうえには，やがてびっしりとアオカビが生えて，まるできな粉をまぶしたようにまゆ全体をおおってしまう。京都大学の西田律夫教授によればこれらのカビの幾種かの菌株はバクテリアに対し強い抗菌作用があるという。その昔，フレミングがアオカビからペニシリンを発見した話はあまりにも有名である

ホルトノキと幼虫が葉を巻いてつくった巣（左下）

葉の表面に産みつけられた卵

幼虫が葉を巻いてつくった巣

4齢幼虫は葉（7.3 cm）を巻くために中央の葉脈に切り込みを入れる

幼虫が葉を巻くためにかんだ葉の中央葉脈の切れ込み

幼虫が巻いた葉の内部

巻葉の巣から取り出した5齢幼虫（体長9.2 mm）

幼虫の糞でおおわれたまゆから取り出した蛹(さなぎ)

が，スジオビヒメハマキは，そのずっと前から抗菌性のカビを利用して，有害なバクテリアの進入を防いでいたのかも知れない。

　スジオビヒメハマキは，生活史が植物に密着した空間や植物体内で完成されること，およびその発生が長期にわたるため発生源が植物体につねに見られることになるので，虫がホルトノキとともに移動・定着して分布を拡大する可能性がきわめて高い。近年，地球温暖化の予測に伴い，暖地性生物の北進が予測されている。ホルトノキとスジオビヒメハマキは，そうした点でも注目すべき指標であろう。

マユミの葉の上に集まっているキバラヘリカメムシのさまざまな
大きさの幼虫と成虫（左端の1頭）

マユミの葉裏に産卵するメス

マユミの葉裏に産みつけられている卵塊

ツルウメモドキに群がる若齢幼虫の集団

キバラヘリカメムシ ◆マユミ上の集団生活

　隣家の庭に大きなマユミの木があり，いつのころからか，これに毎年キバラヘリカメムシが多発するようになった。苗木を庭に植えて2年後に結実するようになり，すぐこの美しいカメムシが発生するようになった。

　このカメムシは体の背面は黒褐色の地味な色彩をしているが，腹部は名前の通り黄色い。幼虫は黄色の腹部がよく目立ち，丸くふくらんだ形をしている。卵はマユミ，ニシキギ，ツルウメモドキなどの植物の葉裏にかためて産みつけられる。幼虫はそれらの実に集団でいることが多く，若い幼虫から成虫までいっしょに生活していることもある。

マユミの葉上の成虫

交尾

さまざまな来訪者たち Ⅰ

コカマキリ成虫

マメの間から顔をのぞかせるオオカマキリ

ユズの葉上で越冬中のオオクモヘリカメムシ

ミカンの果実を吸うツヤアオカメムシ

ダイコンの葉上で交尾中のナガメ

ミカンの葉裏に寄生したミカントゲコナジラミ

交尾を終えた直後のアブラゼミ

ハッサクの枝に産卵中のクマゼミ

ヨツボシクサカゲロウの卵

わが庭の住人たち | 137

さまざまな来訪者たち Ⅱ

エンマコオロギ（オス）の頭部

ミツカドコオロギ（オス）の頭部

オンブバッタ

ミカンの葉上のヤブキリ

ウメの葉上のクダマキモドキ成虫

サザンカの枝に産みつけられた卵から孵化するクダマキモドキ

ミカンの葉上のクダマキモドキ幼虫

ヘクソカズラの枝上のセスジツユムシ（メス）

セイタカアワダチソウにとまるセスジツチイナゴ

ホトトギスの枝にぶらさがったルリタテハの蛹(さなぎ)

ヒメジャノメ

庭先で羽化したクロアゲハ

パンジーの葉を食べるツマグロヒョウモン幼虫

カタバミに発生するヤマトシジミ

庭のハマオモトの葉に潜るハマオモトヨトウの幼虫

ツゲの葉を食べるコエビガラスズメ幼虫

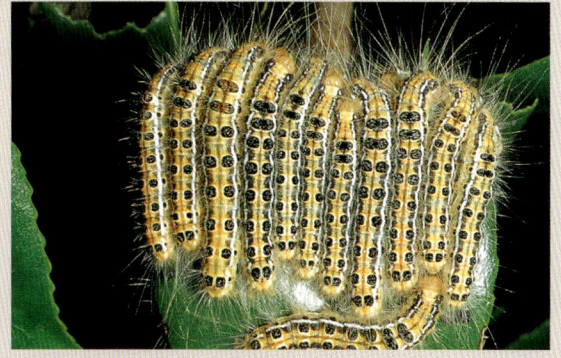

サザンカの葉上のチャドクガ幼虫

わが庭の住人たち | 139

さまざまな来訪者たち　Ⅲ

ミカンの花を訪れたコアオハナムグリ

ミカンの葉を食べるミカンナガタマムシ

ミカンの葉かげから飛び立つゴマダラカミキリ

キュウリの葉上のウリハムシの交尾

ウメの枝で交尾するナミテントウ

葉上のタケトラカミキリ

地上を歩きまわるヤコンオサムシ（大川親雄氏同定）

ゴミムシをひっぱるクロヤマアリ

アブラムシの甘露をなめるアメリカジガバチ

アベリアを訪花するクマバチ

庭先から巣材の泥を大腮で集めるスズバチ

木の枝につくられたスズバチの巣

スズバチの巣の内部。3個の個室にそれぞれ蛹(きなぎ)が見える

車庫の屋根に営巣したコガタスズメバチの徳利型の女王巣

車庫の屋根の働きバチ羽化後のセグロアシナガバチの巣

わが庭の住人たち | 141

あとがき

　この本は三重県自然科学研究会の元会長で三重大学名誉教授の故山下善平先生が，『朝日新聞』(名古屋版)に，1978年7月〜11月には「自然の手帳」欄に「虫と環境」と題して，また1987年6月5日〜7月3日には「五話」という欄に「虫の生活と環境」と題して，それぞれ連載された原稿(末尾に掲載日を示したもの)をもとに編集したものである。他の文は遺作となった原稿の一部やメモなどを使用した。山下先生は1995年9月25日に80歳で逝去されたが，三重県下の多様な自然の解明やその保護に尽力された。先生を偲んで，かつての三重県自然科学研究会の会員を中心に出版物の刊行が企画され，当初は上記の連載記事で1冊の本として出版する準備を進めた。これらの記事は東海地方，とくに三重県下の里山に見られる昆虫が主役となっているが，発表からすでに20年を経ているにもかかわらず，その内容は今日でも新鮮さを失っておらず，当時から里山の自然に関心を払われていた先生の慧眼に驚かされる。

　しかし，出版社との交渉の過程で，これらの記事だけでは出版物としての分量が少し物足りないとのことだったので，先生が三重大学在任中より亡くなられる直前まで約40年にわたり撮影された4万点を越える膨大な昆虫のカラースライドの中から，上記の記事に関連のある写真等を加えて，一冊の本としてまとめたものである。写真の説明文はできるだけスライドに記録されていた原文を用いたが，一部は編集者の判断で書き加えた。カラー写真もできるだけたくさん掲載できるように努めたが，費用などの点から，580点余に絞り込まざるをえなかった。また，使用されたフィルムの大部分は国産品で，残念なことに撮影後20年以上を経たものでは品質が劣化して退色や変色が進み，カビに侵されているものも少なくなかった。そのためスライドの選定や割り付けなどに加えて，色の修正やカビ除去などに思わぬ時間をとり，当初の予定よりも発行は大幅に遅れてしまった。編集者としてその責任を痛感しており，この本の出版を待っていてくださった関係者の皆様に心からお詫び申しあげる。また，本書に，間違いや不備な点があるとすれば，それらはすべて編集者の責任である。

　この本の出版にあたり，元三重県立博物館長の冨田靖男氏をはじめかつての三重県自然科学研究会会員の皆様には企画や出版費用の点でご尽力をいただいた。また，本書に使用した写真は原則として山下先生の撮影されたものとしたが，ごく一部は，三重大学農学部昆虫学研究室出身の市橋甫，村井俊郎，池田二三高，笹井隆邦の諸氏(卒業年代順)の御厚意によるスライドを使用させていただいた。さらに，本書の出版を心よく引き受けていただいた北海道大学図書刊行会，とくに田宮治男氏にはいろいろとお骨折りをいただいた。これらの方々の御厚意に心から感謝してお礼申しあげる。

(編集者　松浦　誠)

和名索引と学名

ア

アオカナブン *Rhomborrhina unicolor* Motschulsky, 94
アオスジアゲハ *Graphium sarpedon nipponum* (Fruhstorfer), 31
アオマツムシ *Calyptotrypus hibinonis* (Matsumura), 48, 80, 81, 82, 83
アカタテハ *Vanessa indica* (Herbst), 93, 129
アキアカネ *Sympetrum frequens* (Selys), 6, 7, 8, 9
アケビコノハ *Adris tyrannus* (Guenee), 68, 69, 129
アサギマダラ *Parantica sita niphonica* (Moore), 37
アブラゼミ *Graptopsaltria nigrofuscata* (Motschlsky), 91, 108, 117, 118, 137
アメンボ *Gerris paludum* (Fabricius), 14
アメリカジガバチ *Sceliphron caementarium* (Drury), 141
アメリカシロヒトリ *Hyphantria cunea* (Drury), 45, 49

イ

イソカネタタキ *Ornebius bimaculatus* (Shiraki), 21
イチモンジセセリ *Parnara guttata* (Bremer et Grey), 21, 26, 27, 28, 29
イッテンオオメイガ *Scirpophaga incertulas* (Walker), 48
イナゴ→エゾイナゴ
イネミズゾウムシ *Lissorhoptrus oryzophilus* Kuschel, 48
イラガ *Monema flavescens* Walker, 132

ウ

ウスイロコノマチョウ *Melanitis leda ismene* (Cramer), 37
ウスバキトンボ *Pantala flavescens* (Fabricius), 11
ウチワヤンマ *Ictinogomphus clavatus* (Fabricius), 5
ウバタマムシ *Chalcophora japonica* (Gory), 129
ウバタマコメツキ *Paracalais berus* (Candeze), 129
ウマオイ *Hexacentrus japonicus* Karny, 87
ウラギンシジミ *Curetis acuta paracuta* de Niceville, 38, 129
ウラナミシジミ *Lampides boeticus* (Linnaeus), 38, 49
ウリハムシ *Aulacophora femoralis* (Motschulsky), 120, 121, 140

エ

エゾイナゴ *Oxya yezoensis* Shiraki, 106
エグリヅマエダシャク *Odontopera arida* (Butler), 66
エゾハルゼミ *Terpnosia nigricosta* (Motschulsky), 116
エビガラスズメ *Agrius convolvuli* (Linnaeus), 68
エンマコオロギ *Teleogryllus emma* (Ohmachi et Matsuura), 75, 78, 79, 85, 138

オ

オオウスバカゲロウ *Heoclisis japonica* (MacLachlan), 19
オオカマキリ *Tenodera aridifolia* (Stoll), 91, 106, 107, 108, 109, 130, 137
オオキンカメムシ *Eurorysses grandis* (Thunberg), 128
オオクモヘリカメムシ *Anacanthocoris striicornis* (Scott), 137
オオスズメバチ *Vespa mandarinia japonica* Radoszkowski, 96, 98, 107, 109
オオトビスジエダシャク *Ectropis excellens* (Butler), 65
オオハサミムシ *Labidura riparia japonica* (da Haan), 19
オオマルケシゲンゴロウ *Hydrovatus acuminatus* Motschulsky, 12
オオミズアオ *Actias artemis* (Bremer et Grey), 67
オオミズスマシ *Dineutus orientalis* (Modeer), 12, 13, 14
オオミノガ *Eumeta japonica* Heylaerts, 64
オオモンツチバチ *Scolia histrionica japonica* Smith, 19, 22
オオワラジカイガラムシ *Drosicha corpulenta* (Kuwana), 113
オサムシモドキ *Craspedonotus tibialis* Schaum, 19
オナガアシブトコバチ *Podagrion nipponicum* Habu, 107
オナガササキリ *Conocephalus gladiatus* (Redtenbacher), 87
オンブバッタ *Atractomorpha lata* (Motschulsky), 89, 138

カ

カキバトモエ *Hypopyra vespertilio* (Fabricius), 92
カナブン *Rhomborrhina japonica* Hope, 92, 93, 98
カネタタキ *Ornebius kanetataki* (Matsumura), 80, 81, 84
カブトムシ *Allomyrina dichotoma* Linnaeus, 43, 92, 93, 94, 96, 131
カマキリ→チョウセンカマキリ
カマキリタマゴカツオブシムシ *Thaumaglossa rufocapillata* Redtenbacher, 107, 109
カマドコオロギ *Gryllodes sigillatus* Walker, 76, 77
カミナリハムシ *Altica cyanea* (Weber), 122, 123
カメノコロウムシ *Ceroplastes japonicus* Green, 112, 113
カラスヨトウ *Amphipyra livida corvina* Motschulsky, 54, 55
カンタン *Oecanthus indicus* Saussure, 80

キ

キアゲハ *Papilio machaon hippocrates* C. et R. Felder, 25, 31, 33
キアシナガバチ *Polistes rothneyi* Cameron, 98
キイロスズメバチ *Vespa simillima xanthoptera* Cameron, 129
キシタバ *Catocala patala* Felder et Rogenhofer, 92
キタテハ *Polygonia aureum* (Linnaeus), 35, 97, 133
キチョウ *Eurema hecabe* (Linnaeus), 33
キバラヘリカメムシ *Plinachtus bicoloripes* Scott, 136
ギフチョウ *Luehdorfia japonica* Leech, 30
キリギリス *Gampsocleis buergeri* (de Haan), 73, 74, 75
キンモウアナバチ *Sphex diabolicus flammitricus* Strand, 24

ク

クサギカメムシ *Halyomorpha picus* (Fabricius), 124
クサヒバリ *Paratrigonidium bifasciatum* Shiraki, 80, 81

クダマキモドキ *Holochlora japonica* Bruner, 24, 87, 138
クチキコオロギ *Duolandrevus* sp., 84
クツワムシ *Mecopoda nipponensis* (de Haan), 87
クビキリギス *Euconocephalus thunbergii* (Stal), 88, 128
クマコオロギ *Modicogryllus minor* (Shiraki), 84
クマゼミ *Crytotympana facialis* (Walker), 117, 137
クマバチ *Xylocopa appendiculata circumvolans* Smith, 39, 141
クルマバッタモドキ *Oedaleus infernalis* Saussure, 19, 20
クリオオアブラムシ *Lachnus tropicalis* (Goot), 130
クロアゲハ *Papilio protenor demetrius* Stoll, 32, 132, 139
クロコノマチョウ *Melanitis phedima oitensis* Matsumura, 37
クロヒカゲ *Lethe diana* (Butler), 37
クロマドボタル *Lychnuris fumosa* (Gorham), 100, 101, 102, 103
クロヤマアリ *Formica japonica* Motschulsky, 141
グンバイトンボ *Platycnemis foliacea sasakii* Asahina, 11

ケ

ケラ *Gryllotalpa fossor* Scudder, 90
ゲンジボタル *Luciola cruciata* Motschulsky, 104, 105

コ

コアオハナムグリ *Oxycetonia jucunda* (Faldermann), 140
コウスバカゲロウ *Myrmeleon formicarius* (Linnaeus), 19
コエビガラスズメ *Sphinx constricta* Butler, 139
コオイムシ *Diplonychus japonicus* Vuillefroy, 17
コガタスズメバチ *Vespa analis insularis* Dalla Torre, 141
コカマキリ *Statilia maculata* (Thunberg), 107, 109, 130, 137
コクワガタ *Macrodorcas rectus* (Motschulsky), 131
コクロツヤヒラタゴミムシ *Synuchus melantho* (Bates), 79
コシアキトンボ *Pseudothemis zonata* Burmeister, 11
コツブゲンゴロウの一種 *Noterus* sp., 12
コフキトンボ *Deielia phaon* (Selys), 11
ゴマダラカミキリ *Anoplophora malasiaca* (Thompson), 131, 140
ゴマダラチョウ *Hestina japonica* (C. et R. Felder), 92, 97, 131
コムラサキ *Apatura metis substituta* Butler, 92, 97

サ

サカハチチョウ *Araschnia burejana strigosa* Butler, 36
サツマニシキ *Erasmia pulchella nipponica* Inoue, 56, 57, 58, 59, 60, 61
サムライコマユバチの一種 *Apanteles* sp., 61
サンカメイガ→イッテンオオメイガ

シ

シオカラトンボ *Orthetrum albistylum speciosum* (Uhler), 10, 131
シバスズ *Pteronemobius mikado* (Shiraki), 84
シマアメンボ *Metrocoris histrio* (White), 14
ジャコウアゲハ *Byasa alcinous* (Klug), 30, 132
ショウリョウバッタ *Acrida cinerea* (Thunberg), 20, 75, 88
ショウジョウトンボ *Crocothemis servilia mariannae* Kiauta, 10, 131
シロスジカミキリ *Batocera lineolata* Chevrolat, 92, 99
シロテンハナムグリ *Protaetia orientalis* (Gory et Perchelon), 94

ス

スギタニモンキリガ *Sugitania lepida* (Butler), 69
スギマルカイガラムシ *Aspidiotus cryptomeriae* Kuwana, 110
スジオビヒメハマキ *Dactylioglypha tonica* (Meyrick), 134, 135
スジクワガタ *Macrodorcas striatipennis* Motschulsky, 96
スズバチ *Oreumenes decoratus* (Smith), 141
スズムシ *Homoeogryllus japonicus* (de Haan), 80, 85
スミナガシ *Dichorragia nesimachus nesiotes* Fruhstorfer, 95

セ

セアカヒラタゴミムシ *Dolichus halensis* (Schaller), 18
セグロアシナガバチ *Polistes jokohamae* Radszkowski, 141
セスジスズメ *Theretra oldenlandiae* (Fabricius), 68
セスジツユムシ *Ducetia japonica* (Thunberg), 87, 138
セブトエダシャク *Cusiala stipitaria* (Oberthur), 65
セミヤドリガ *Epipomponia nawai* Dyar, 64

タ

タイコウチ *Laccotrephes japonensis* Scott, 16
タイワンカンタン *Oecanthus rufescens* Serille, 86
タケトラカミキリ *Chlorophorus annularis* (Fabricius), 140
タテジマカミキリ *Aulaconotus pachypezoides* Thomson, 129

チ

チャイロカドモンヨトウ *Apamea sodalis* (Butler), 54, 55
チャエダシャク *Megabiston plumosaria* (Leech), 65
チャドクガ *Euproctis curvata* Wileman, 70, 130, 139
チャバネアオカメムシ *Plautia crossota stali* Scott, 128
チャバネセセリ *Pelopidas mathias oberthueri* Evans, 39
チョウセンカマキリ *Tenodera angustipennis* Saussure, 106, 107, 109
チョウトンボ *Rhyothemis fuliginosa* Selys, 11

ツ

ツクツクボウシ *Meimuna opalifera* (Walker), 116, 118
ツチイナゴ *Patanga japonica* (Bolivar), 90, 128
ツヅレサセコオロギ *Velarifictorus aspersus* (Walker), 72, 73, 78, 79

ツノロウムシ *Ceroplastes ceriferus* (Fabricius),113
ツバメシジミ *Everes argiades* (Menetries),38
ツマグロヒョウモン *Argyreus hyperbius* (Linnaeus),34, 131,139
ツヤアオカメムシ *Glaucias subpunctatus* Walker,137

ト

ドウガネブイブイ *Anomala cuprea* (Hope),13,22
ドクガ *Euproctis subflava* (Bremer),69
トゲバゴマフガムシ *Berosus lewisius* Sharp,12
トノサマバッタ *Locusta migratoria* Linnaeus,78,89,106
トビイロケアリ *Lasius niger* (Linnaeus),113
トビイロマルカイガラムシ *Chrysomphalus bifasciculatus* Ferris,111
トビモンオオエダシャク *Biston robustus* Butler,65

ナ

ナガメ *Eurydema rugosa* (Motschmlsky),137
ナツアカネ *Sympetrum darwinianum* (Selys),10
ナナホシテントウ *Coccinella septempunctata* Linnaeus,55, 119,126,127
ナミアゲハ *Papilio xuthus* Linnaeus,31
ナミカマキリ→チョウセンカマキリ
ナミテントウ *Hermonia axyridis* (Pallas),124,125,140

ニ

ニイニイゼミ *Platypleura kaempferi* (Fabricius),116,118
ニッポンハナダカバチ *Bembix niponica* Smith,23

ノ

ノコギリクワガタ *Prosopocoilus inclinatus* Motschulsky, 95
ノミバッタ *Xya japonica* (de Haan),90

ハ

ハスオビエダシャク *Descoreba simplex* Butler,65
ハチモドキハナアブ *Monoceromyia pleuralis* (Coquillett), 98
ハッチョウトンボ *Nannophya pygmaea* Rambur,11
ハマオモトヨトウ *Brithys crini* (Fabricius),48,49,50,51, 52,53,139
ハマヒョウタンゴミムシダマシ *Idisia ornata* Pascoe,21
ハラオカメコオロギ *Loxoblemmus arietulus* Saussure,71
ハラビロカマキリ *Hierodula patellifera* (Serville),107,109, 130
ハラビロトンボ *Lyriothemis pachygastra* (Selys),11
ハルゼミ *Terpnosia vacua* (Olivier),114,115,118

ヒ

ヒオドシチョウ *Nymphalis xanthomelas japonica* (Stichel),97
ヒカゲチョウ *Lethe sicelis* (Hewitson),92,97

ヒグラシ *Tanna japonenisis* (Distant),64
ヒゲシロスズ *Pteronemobius flavoantennalis* (Shiraki),75
ヒシバッタ *Tetrix japonica* (Bolivar),74,75
ヒナカマキリ *Amantis nawai* Shiraki,109
ヒナバッタ *Chorthippus brunneus* (Thunberg),74,75
ヒメアカタテハ *Cynthia cardui* (Linnaeus),35
ヒメアカホシテントウ *Chilocorus kuwanae* Silvestri,111
ヒメウラナミジャノメ *Ypthima argus* Butler,37
ヒメエンマムシ *Margarinotus weymarni* Wenzel,19
ヒメカマキリ *Acromantis australis* Saussure,107,109
ヒメガムシ *Sternolophus rufipes* (Fabricius),16
ヒメクサキリ *Homorocoryphus jezoensis* (Matsumura et Shiraki),75
ヒメコガネ *Anomala rufocuprea* Motschulsky,12,13
ヒメジャノメ *Mycalesis gotama fulginia* Fruhstorfer,139
ヒメスズメバチ *Vespa ducalis pulchra* Buysson,98
ヒメハルゼミ *Euterpnosia chibensis* Matsumura ,116
ヒメミズカマキリ *Ranatra unicolor* Scott,16
ヒモワタカイガラムシ *Takahashia japonica* (Cockerell), 113
ヒョウタンゴミムシ *Scarites aterrimus* Morawitz,21
ヒラタクワガタ *Serrognathus platymelus pilifer* (Snellen van Vollenhoven),93,95
ヒロバトガリエダシャク *Planociampa antipala* Prout,65
ヒロヘリアオイラガ *Parasa lepida* (Cramer),70

フ

フクラスズメ *Arcte coerula* (Guenee),40,41,42,43,129
フタナミトビヒメシャク *Pylargosceles steganioides* (Butler),65
フタホシテントウ *Hyperaspis japonica* (Crotch),113
プライヤキリバ *Goniocraspidum pryeri* (Leech),55

ヘ

ヘイケボタル *Luciola lateralis* Motschulsky,104
ベニシジミ *Lycaena phlaeas daimio* (Matsumura),39

ホ

ホシウスバカゲロウ *Glenuroides japonicus* (MacLachlan), 22
ホシホウジャク *Macroglossum pyrrhosticta* Butler,68
ホタルガ *Pidorus atratus* Butler,62,63

マ

マイコアカネ *Sympetrum kunckeli* (Selys),10
マイマイガ *Lymantria dispar japonica* (Motschlsky),69, 130
マイマイカブリ *Damaster blaptoides* Kollar,98
マエアカスカシノメイガ *Palpita nigropunctalis* (Bremer), 132
マエモンオオナミシャク *Triphosa sericata* (Butler),55

マダラシマゲンゴロウ *Hydaticus thermonectoides* Sharp, 12
マダラスズ *Pteronemobius nigrofasciatus* (Matsumura), 74
マツムシ *Xenogryllus marmoratus* (de Haan), 86
マツモムシ *Notonecta triguttata* Motschulsky, 15
マユタテアカネ *Sympetrum eroticum* (Selys), 10
マルガタゲンゴロウ *Graphoderus adamsii* (Clark), 12

ミ

ミカントゲコナジラミ *Aleurocanthus spiniferus* (Quaintance), 137
ミカンナガタマムシ *Agrilus auriventris* Saunders, 140
ミズスマシ *Gyrinus japonicus* Sharp, 16
ミツカドコオロギ *Loxoblemmus doenitzi* Stein, 78, 79, 138
ミドリシジミ *Neozephyrus japonicus* (Murray), 39
ミノウスバ *Pryeria sinica* Moore, 64, 130
ミヤマアカネ *Sympetrum pedemontanum elatum* (Selys), 10
ミヤマクワガタ *Lucanus maculifemoratus* Motschulsky, 95

ム

ムモンホソアシナガバチ *Parapolybia indica* Saussure, 95

メ

メンガタスズメ *Acherontia styx crathis* Rothschild et Jordan, 67

モ

モンキアゲハ *Papilio helenus nicconicolens* Butler, 33

モンキツノカメムシ *Sastragala scutellata* (Scott), 128
モンクロシャチホコ *Phalera flavescens* (Bremer et Grey), 44, 45, 46, 47
モンシロチョウ *Pieris rapae crucivora* Boisduval, 132

ヤ

ヤコンオサムシ *Carabus yaconinus* Bates, 140
ヤブキリ *Tettigonia orientalis* Uvarov, 88, 138
ヤマトシジミ *Zizeeria maha argia* (Menetries), 39, 131, 139
ヤマトバッタ *Aiolopus japonicus* (Shiraki), 20
ヤママユガ *Antheraea yamamai* (Guerin-Meneville), 66, 67, 130

ヨ

ヨコヅナサシガメ *Agriosphodrus dohrni* (Signoret), 131
ヨツボシオオキスイ *Helota gemmata* Gorham, 92
ヨツボシクサカゲロウ *Chrysopa septempunctata* Wesmael, 137
ヨツボシケシキスイ *Librodor japonicus* (Motschulsky), 92
ヨツボシモンシデムシ *Nicrophorus quadripunctatus* Kraatz, 12, 19
ヨトウガ *Mamestra brassicae* (Linnaeus), 48
ヨモギエダシャク *Ascotis selenaria cretacea* (Butler), 65, 66

ル

ルビーロウムシ *Ceroplastes rubens* Maskell, 113
ルリタテハ *Kaniska canace nojaponicum* (von Siebold), 35, 139

山下　善平（やましたぜんぺい）

1915 年，愛知県西尾市に生まれる
1937 年，三重高等農林学校卒業
農商務省農事試験場，同東北支場で農業害虫を研究
1952 年より，三重大学農学部昆虫学研究室の助教授，教授を経て
1978 年，定年退官
1979-86 年，愛知大学教授
1995 年歿
著書に，『農作害虫新説』（共著，朝倉書店），
『自然保護ハンドブック』（共著，東京大学出版会）など

新装版
里山の昆虫たち
その生活と環境

発　行
1999 年 10 月 25 日　第 1 刷
2013 年 6 月 25 日　新装版第 1 刷

著　者
山下　善平Ⓒ

発行者
櫻井　義秀

発行所
北海道大学出版会
札幌市北区北 9 条西 8 丁目北海道大学構内（〒060-0809）
Tel.011(747)2308/Fax.011(736)8605・振替 02730-1-17011

印刷所
㈱アイワード

製　本
㈱アイワード

ISBN 978-4-8329-1397-4

バッタ・コオロギ・キリギリス大図鑑	日本直翅類学会編	A4・728頁 価格50000円
原色日本トンボ幼虫・成虫大図鑑	杉村光俊他著	A4・956頁 価格60000円
日本産トンボ目幼虫検索図説	石田 勝義著	B5・464頁 価格13000円
マルハナバチ ―愛嬌者の知られざる生態―	片山 栄助著	B5・204頁 価格5000円
バッタ・コオロギ・キリギリス生態図鑑	日本直翅類学会監修 村井 貴史著 伊藤ふくお	四六・452頁 価格2600円
日本産マルハナバチ図鑑	木野田君公 髙見澤今朝雄著 伊藤 誠夫	四六・194頁 価格1800円
札幌の昆虫	木野田君公著	四六・416頁 価格2400円
ウスバキチョウ	渡辺 康之著	A4・188頁 価格15000円
ギフチョウ	渡辺康之編著	A4・280頁 価格20000円
エゾシロチョウ	朝比奈英三著	A5・48頁 価格1400円
蝶の自然史 ―行動と生態の進化学―	大崎直太編著	A5・286頁 価格3000円
アシナガバチ一億年のドラマ ―カリバチの社会はいかに進化したか―	山根 爽一著	四六・316頁 価格2800円
スズメバチはなぜ刺すか	松浦 誠著	四六・312頁 価格2500円
スズメバチを食べる ―昆虫食文化を訪ねて―	松浦 誠著	四六・356頁 価格2600円
虫たちの越冬戦略 ―昆虫はどうやって寒さに耐えるか―	朝比奈英三著	四六・198頁 価格1800円
プラント・オパール図譜 ―走査型電子顕微鏡写真による植物ケイ酸体学入門―	近藤 錬三著	B5・400頁 価格9500円
日本産花粉図鑑	三好 教夫 藤木 利之著 木村 裕子	B5・852頁 価格18000円
春の植物 No.1 植物生活史図鑑Ⅰ	河野昭一監修	A4・122頁 価格3000円
春の植物 No.2 植物生活史図鑑Ⅱ	河野昭一監修	A4・120頁 価格3000円
夏の植物 No.1 植物生活史図鑑Ⅲ	河野昭一監修	A4・124頁 価格3000円

北海道大学出版会　　価格は税別